かんたん、かわいい

愛犬ニット

成美堂出版

CONTENTS

Let's try knitting

★ワンちゃんの体形は同じ犬種でもそれぞれ異なります。紹介作品の仕上がりサイズを各編み方ページで確認の上、実際に編むワンちゃんの胴回り、後ろたけと比較して、サイズ変更したい場合は目数段数を調整してください。ただ、棒針編みの場合はかなり伸縮性があるのでワンサイズくらいの違いでしたら、そのままでも大丈夫な場合があります。

作品例
walking set
no.11
no.6
no.3
Autumn/
Winter
Knitwear
no.23
no.27
no.15/16
no.13/14
Sibling Pairs
no.34
no.31
no.32
Spring/
Summer
Knitwear
House and Rug
no.35

おそろいがかわいい

うちの子だけのお散歩セット

楽しいお散歩の時間です。
お外は寒いけど
ワンちゃんは手編みのプルで
ママはおそろいのキャップ帽をかぶって行くから大丈夫。
今日もみんなの注目の的になっちゃいそう。

design --- 了戒かずこ
編み方 --- 56ページ

walking set

no. [1]

no. [2]

カラフルカラーの
ボーダープルとマフラーの
ひとセット。
鮮やかな配色だから
どこにいても目立ちそう。
パグは首周りが太めなので
プルとおそろいのマフラーは
着崩れ防止にもなって便利です。

design --- 了戒かずこ
編み方 --- 56ページ

no. [3]

walking set

Shih Tzu

walking set

鮮やかなオレンジ色が自慢のスラブヤーンで
ワンちゃんのプレーンなハイネックプルと
お散歩バッグをおそろいに。
どちらにも飾った
タッセルのワンポイントがおしゃれです。

design --- 了戒かずこ
編み方 --- 62ページ

no. 4

寒がり屋のワンちゃんのために
編みやすい太糸で仕上げた
花のコサージュつきのワンちゃんプルと
ポンポンつきのママのニット帽。
赤×白の撚り糸と赤の単色糸の組み合わせが
とってもキュート。

design --- 了戒かずこ
編み方 --- 59ページ

メランジカラーの５色を組み合わせた
２段重ねのスカートと
ポンポンつきのリボン飾りが
ラブリーなプル。
多色使いを生かした
ママのカラフルマフラー。
みんなが振り返って見るほど
かわいいお散歩セットです。

design --- 了戒かずこ
編み方 --- 59ページ

お外は青空…。
早く、お散歩に
行きたいな！

no. [5]

walking set

ポンポンつきのボーダープルと
かんたんまっすぐ編みの大人ベストのおそろい。
太糸だから、どちらも手早く編めるのがうれしいオリジナルペア。
ワンちゃんプルは、ポンポンをつけると
かわいさがグ～ンとアップするワンポイントに！

design --- 大人ベスト／SACHIYO＊FUKAO
ワンちゃんプル／元廣企画室
編み方 --- 66ページ

no. [6]

walking set

no. [7]

かぎ針編みのワンちゃんプル。
レーシー模様とどこにでもつけ変えできる
コサージュのワンポイントが決め手です。
普段使いとしても持ちたくなる
花モチーフつなぎのグラニーバッグ。
手編みでなければ見つからない
おしゃれなセット。

design --- 了戒かずこ
編み方 --- 72ページ

walking set

Toy poodle

walking set
no. [8]

ワンちゃんプルは、
作品７と同じ編み方で
多色使いのシマシマ模様に。
ママのマフラーもおそろいの
カラフルなポンポン飾りが
とってもキュート。
これなら冬のお散歩も
楽しくなりそう。

design --- 了戒かずこ
編み方 --- 72ページ

騒ぎすぎちゃって
怒られて反省
しています…。

no. [9]

walking set

縄編み入りのボーダープルと
マナー道具入れのお散歩セット。
チャコールとからし色の配色が
モノトーンカラーのワンちゃんに
とっても似合っています。
ポンポンつきの飾りひもで
キュートさも添えて。

design --- 河合真弓
使用糸 --- スキー毛糸　スキーフローレン
編み方 --- 76ページ

そろそろママが
帰ってきてくれるころかと
きちんとお座りして待っています。
背中に飾った大きなポンポンが
手編みならではのオリジナル。
糸は、カラフルなネップ入りの
ツイードです。

design --- 河合真弓
編み方 --- 76ページ

no. [10]

縄編みがおそろいの
ワンちゃんプルとマフラー。
鮮やかな色調の段染め糸を使用。
段染め糸は仕上がりの色合いが
編んでみないとわからない
ワクワク感も楽しみのひとつです。

design --- 了戒かずこ
編み方 --- 69ページ

疲れちゃったから
ちょっと休憩…。

ふわふわの白い毛並みに
カラフルカラーのキュートなプルが
よくお似合い。
背中に配した縄編み模様がポイントです。

design --- 了戒かずこ
使用糸 --- オリムパス　メイクメイク ソックス ドゥ
編み方 --- 69 ページ

no. [12]

いつも一緒

キュートなきょうだいペア

遊び疲れて、お昼寝中のふたり。
基本は同じ編み方のボーダープルで
女の子用はリボンを飾り、男の子用はフードつきに。
それぞれに似合った形にアレンジしたカジュアルペアです。

design --- 河合真弓
使用糸 --- スキー毛糸　スキーフローレン
編み方 --- 80 ページ

ママ！ みんなが
帰ってきたよ♥

Toy poodle

一緒に
行きたかったのに
お留守番…。

編むだけでかわいい模様になる
段染め糸使用の色違い。
毛糸のホッコリとしたぬくもりが
大好きなワンちゃんたちだから
カラフルカラーのボーダーマットも
編んで、よりあたたかく。

design --- 了戒かずこ
使用糸 --- 15・16
オリムパス　メイクメイクトマト
編み方 --- 84 ページ

ママの足音！
帰ってきた
かな？

なん枚も欲しくなる
あったかーい秋冬ニット

Autumn / Winter Knitwear

no. 18

編むだけで
ボーダー模様になる
うれしい段染め糸が
ポイントのプレーンプル。
メリヤス編みと
１目ゴム編みだけで
スイスイ編めちゃう一枚です。

design --- 了戒かずこ
使用糸 --- オリムパス　メイクメイク
編み方 --- 88 ページ

詳しい
編み方
28ページ

Autumn/Winter Knitwear

もうすぐ１歳になるわんぱくボーイ。
はじめて過ごす冬だけど
タートルネックのプルがあれば寒くない。
おそろいのコサージュはプルにつけたり、
リードにつけてもおしゃれです。

design --- 了戒かずこ
編み方 --- 88ページ

詳しい編み方のプロセス解説

棒針編みのプルオーバー

● 作品に使用した糸は並太タイプのストレートヤーンの紺と水色ですが、プロセスでは水色と黄色にかえています。

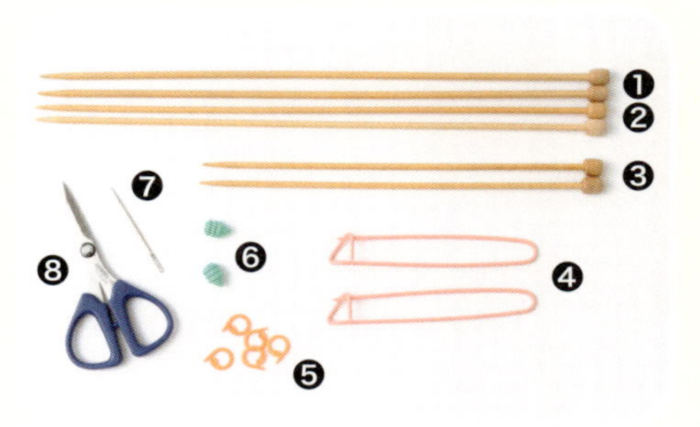

用具をそろえる

❶8号2本棒針（メリヤス編み縞用）
❷6号2本棒針（裾、えり、袖口のゴム編み用）
❸8号2本棒針（短）（あると便利）
❹ほつれどめ（目を休めるために）
❺段数リング（目数・段数の印用に）
❻棒針キャップ（棒針から目をはずさないためのストッパー用に）
❼とじ針　❽はさみ

1　後ろ身頃を編む（一般的な作り目・P.104）

1 編む横幅寸法の約3.5倍の糸端を残して糸輪を作り、輪の中に8号針1本を通します。糸を引き締め、これが1目めになります。

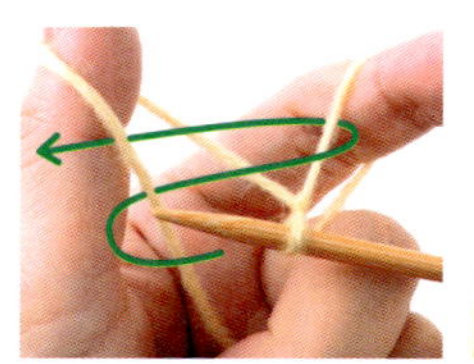

2 親指側から矢印のように棒針を入れ、人さし指にかかっている糸を引き出します

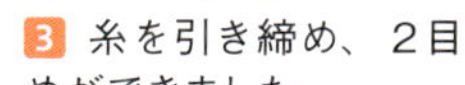

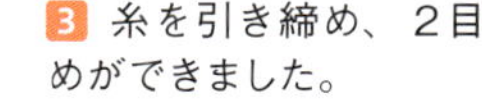

3 糸を引き締め、2目めができました。

4 **2**・**3**をくり返して、この作品の作り目65目を作ります。これが1段めになります。

5 裏側に持ちかえて2段めを裏目（P.105）で編みます。

6 表側に持ちかえて3段めを表目（P.104）で編みます。

※表・裏目をくり返すメリヤス編みで4段編んだら、配色糸にかえながら（メリヤス編み縞）編み進みます。

縞の編み方（脇で糸をたてに渡して編む方法）

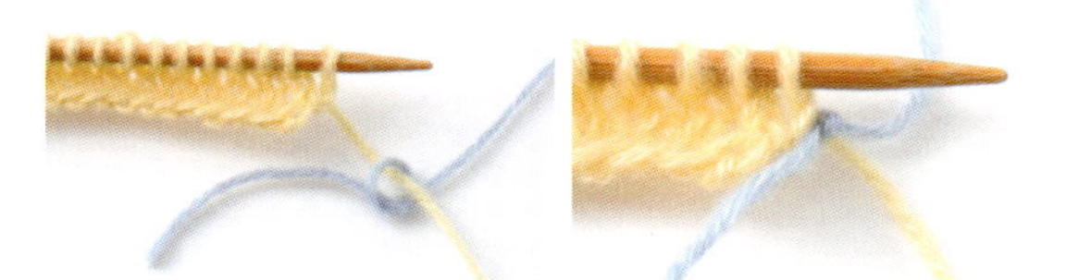

7 地糸に配色糸を結び、きつく引き締めて編み地によせ、次の段を編みます。地糸は休ませておきます。

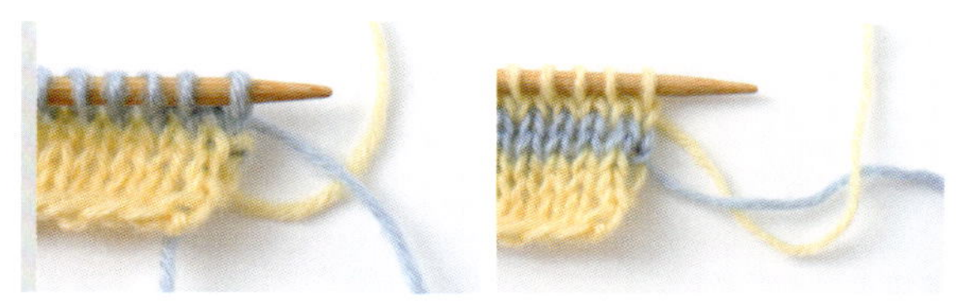

8 脇で２段ごとに、編み進む糸の上に休めている糸を乗せ、糸をからげながら次の段を編みます。縞をくり返して60段編みます。

※ Aは脇の渡り糸がつねに２段ごとにからげてあるので渡り糸が納まり、何段の縞でも糸を切らずに編み進むことができます。特に端の始末をしない作品（マフラーなど）に適しています。

※ Bは渡り糸をからげない編み方で長い段数になると、糸を切って編み進むことになります。

◇肩を減らす（右上・左上2目一度 P.105）

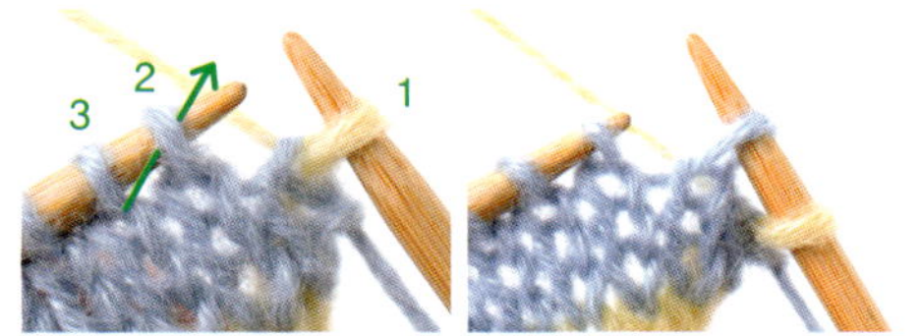

1段め 1 1の目を表目で編み、2の目を編まずに右針に移します。

2 3の目を表目で編みます。

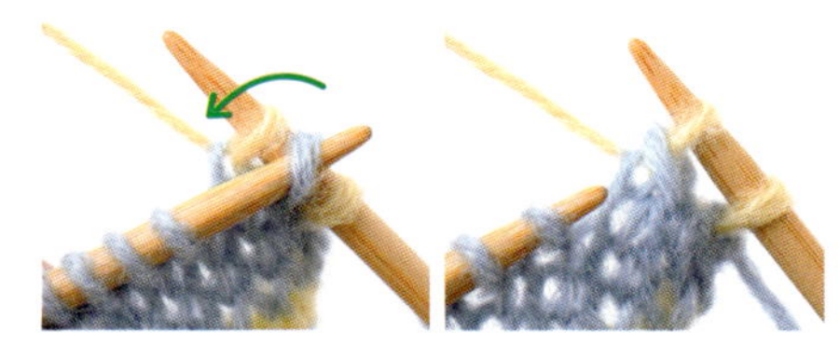

3 2の目を3の目にかぶせると、右の目が上に重なります（右上２目一度）。

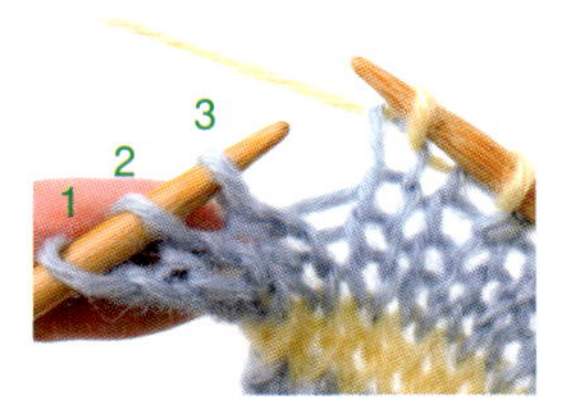

4 続けて左端3目手前まで表目で編みます。

5 2と3の目に右針を一度に入れて表目を編むと、左の目が上に重なります（左上２目一度）。次の目を表目で編みます。

2段め 6 裏側に持ちかえて1の目を裏目で編みます。

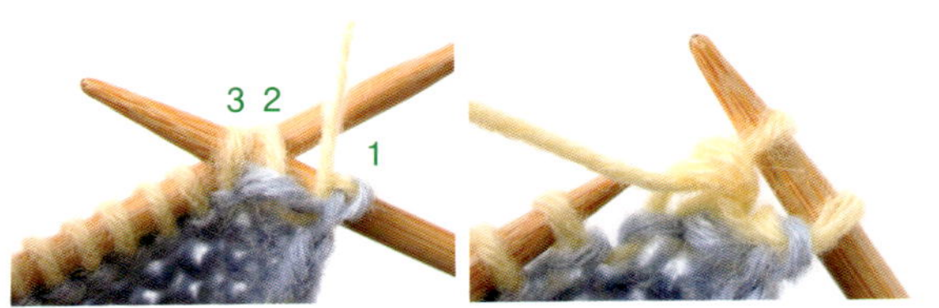

7 2と3の目に右針を一度に入れて裏目で編むと、左の目が上に重なります（表からみても左上2目一度）。

8 続けて左端3目手前まで裏目で編みます。3の目に右針を手前から入れて右針に移します。

9 同様に2の目も右針に移します。

10 右針に移した3と2の目を、左針に一度に移します（3と2の目が入れかわる）。

11 2と3の目に右針を一度に入れて裏目で編むと右の目が上に重なります（表からみても右上2目一度）。1の目を裏目で編みます。

12 1～11 をくり返して、両端で各12目減らします。続けて増減なく2段編んでえりぐりは休み目にします。

◇裾の1目ゴム編みを編む

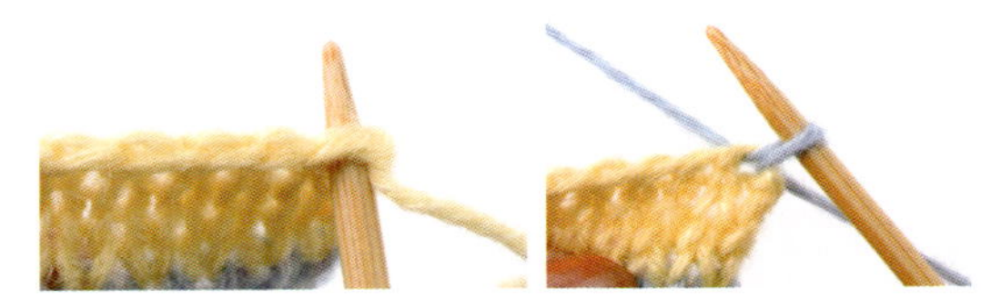

1 6号針にかえて作り目から目を拾います。手前から針を入れて糸を引き出します。

2 減らす目数分は均等にとばして49目拾います（約3目拾って1目とばす）。これが1段めになります。

3 裏側に持ちかえて、端から2目を裏目であとは表・裏目をくり返します（左端は裏2目）。
※表からみると両端が表2目。

※持ちかえては表・裏目をたてに通して14段編み、糸端を裾幅の3.5倍残して切ります。

◇1目ゴム編みどめで目をとめる

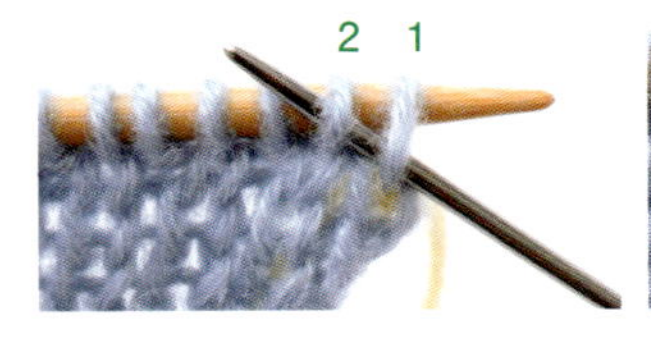

1 端の1と2の表目に向こう側からとじ針を入れ、棒針から目を落としながら進みます。

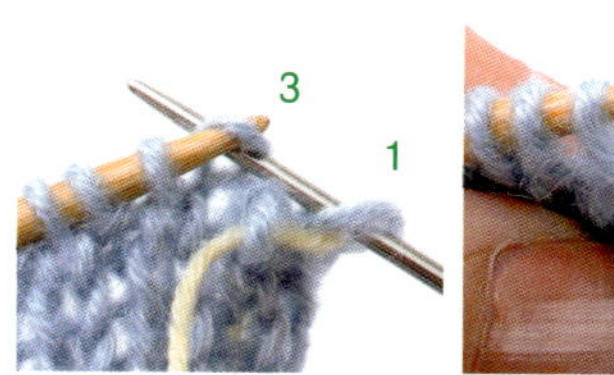

2 もう一度1の目に手前側から針を入れ、続けて3の目に手前側から向こう側に針を入れます。

3 2の目にもどって手前側から針を入れ、続けて4の目に向こう側から手前側に針を入れます。

4 もう一度3の目に向こう側から針を入れ、続けて5の目に手前側から針を入れます。

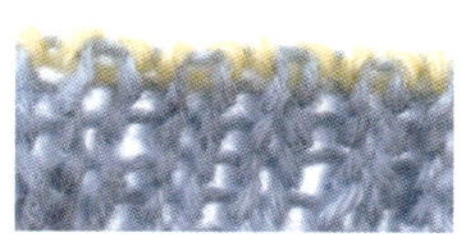

5 3・4をくり返します。※表目のときは手前側から手前側へ、裏目のときは向こう側から向こう側へと針を出すことが基本。

※後ろ身頃が編めました。

2 前身頃を編む

※後ろ身頃と同じ要領で20目作り、増減なく68段編んで休み目にし、裾のゴム編みを編み下げます。

3 右肩をとじる（すくいとじ・P. 108）

1 後ろ・前身頃の袖あきとスリットあきどまりの各両端に段数リングをつけ、突き合わせにします。

2 1目内側を後ろは1段ごとに、前は段数の多い6段分を均等に2段一度にすくいます。

3 交互にとじて、とじ糸を引きながら進みます。

4 えりを編む

1 後ろ身頃の棒針に前身頃の休めている目を移します。

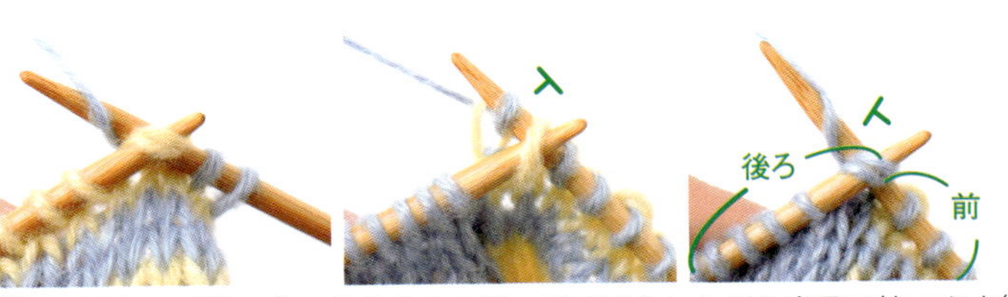

2 6号針で､目数の多い分を左上2目一度で減らしながら表目で拾います(約2目おきに減らす)。肩のところはとじ分が下側になるように2目一度にします。

3 裏側に持ちかえて、2段めは裏目・表目をくり返します（左端は裏2目）。裾と同じ要領で18段編んで1目ゴム編みどめをします。

5 えりと左肩をそれぞれとじる

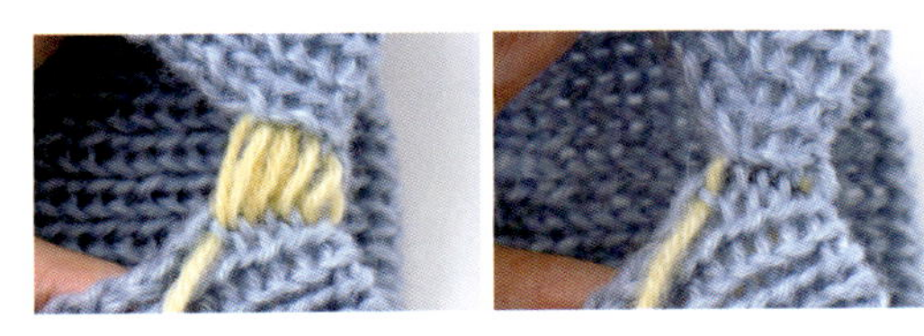

1 えりの両端を突き合わせ、残っている糸端をとじ針に通します。糸のない側から、1目内側を1段ずつ交互にすくっていきます。

2 とじ糸を引きながらとじ合わせます。

※肩は右肩と同じ要領でとじ合わせます。

6 袖を編む

1 後ろ・前のあき口から目を拾います。

2 8号針で、1目内側に手前側から針を入れて糸を引き出します。

3 後ろの26段から18目、前の34段から24目を拾います。これが1段めになります（約3段から2目拾う）。メリヤス編み縞で10段編みます。

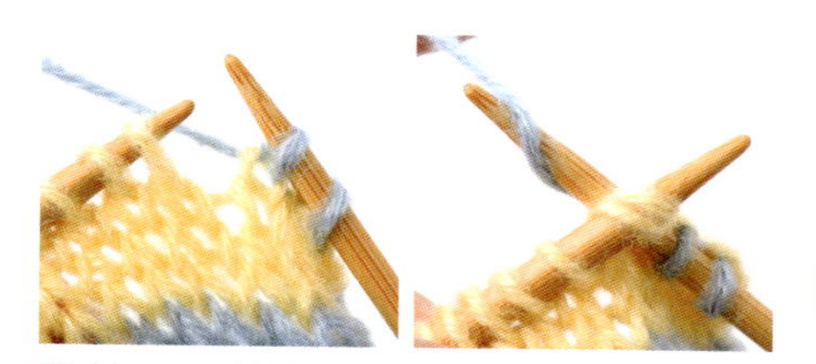

4 袖口は6号針にかえて、1段めを表目で42目を2目一度で35目に減らして編みます。

5 2段めは裏側に持ちかえて、裾と同じ要領で1目ゴム編みを編んでゴム編みどめをします。

7 脇、袖下をとじる

1 袖口は編み終わりから1目内側を1段ずつ交互にすくっていきます。

2 脇は後ろ・前身頃の合印を合わせて1目内側を1段ずつすくっていきますが、ゴム編み部分のみ2段すくうことを2回くり返して縞を合わせます。

8 糸始末をする

※それぞれ残っている糸端を同色にからげます。

完成！

※軽くアイロンで形を整えます

no. 20

かぎ針の模様編みで
ボーダーにすると
ニュアンスのある縞模様になって
とってもゴージャス。
色選びがセンスの見せどころです。

design --- 了戒かずこ
使用糸 --- ダイヤモンド毛糸
ダイヤタスマニアンメリノ
編み方 --- 94 ページ

伸縮性のあるニットは
ワンちゃんウエアに最適ですが
かぎ針編みは伸縮が弱いため
えりや袖ぐりなどは
ゴム編み仕上げに。
脱ぎ着も着心地もラクチンの一枚。

design --- 了戒かずこ
編み方 --- 94 ページ

no. [21]

杢(もく)糸の段染め糸に
単色糸を組み合わせて
背中にトナカイの刺しゅうをした
北欧調のおしゃれなプル。
これを着せると一気に
お散歩モードになります！

design --- 了戒かずこ
編み方 --- 96ページ

no. [23]

カラフルボーダーの
キュートなフードつきのプル。
前身頃はゴム編みという
動きやすさを十分に計算した
ワンちゃんにうれしいデザインです。
フードの先端につけた
ポンポンもかわいい。

design --- 了戒かずこ
使用糸 --- ダイヤモンド毛糸
ダイヤエポカ
編み方 --- 96 ページ

Dachshund

スカート切り替えのワンピースを
ビタミンカラーの段染め糸で編み上げ
女の子らしいコサージュの
ワンポイントを添えました。
後ろ身頃は縄編み模様の
おしゃれな一枚。

design --- 了戒かずこ
編み方 --- 98ページ

レディース用ラリエットがおそろいの
お出かけセット。
シックなモノトーンベースの
段染め糸が
とってもスタイリッシュな雰囲気。
手編みならではの
素敵なひとセットです。

design --- 了戒かずこ
編み方 --- 98ページ

no. [25]

no. [26]

寒がり屋のワンちゃん用に
タートルネックプルをご用意。
えり端につけた
フリンジ飾りがかわいいアクセント。
小さいから
すぐ編めちゃいます。

design --- 了戒かずこ
編み方 --- 100ページ

ナチュラルカラーで編み上げた
アラン模様のプル。
編み地がきれいに浮き立つ
ソフトなストレートヤーンが
おすすめです。

design --- 了戒かずこ
編み方 --- 100ページ

女の子らしい、鮮やか色の段染め糸で
かんたんメリヤス編みのプルに。
ワンちゃんニットは
目立つ色合いを選んだほうが
キュートで人目を惹く仕上がりに。

design --- 了戒かずこ
使用糸 --- パピー ミュルティコ
編み方 --- 62 ページ

ボーイッシュな配色の
カジュアルボーダー。
縞模様は段数が数えやすいから
編みものがはじめての方にも
おすすめです。

design --- 了戒かずこ
編み方 --- 62 ページ

とっておきの

さわやかな春夏ニット

Spring/Summer Knitwear

赤×白の
鮮やかな配色が映える
かぎ針編みのプルとお散歩バッグ。
それぞれにプラスした
ポンポン飾りが
ラブリーポイントのデザインです。

design --- 了戒かずこ
編み方 --- 91 ページ

no. [30]

no. 31

モノトーンボディの
凛々しいボストンテリアのワンちゃんに
ぴったりの黒×白のシックな一枚。
かぎ針編みの幾何学模様も
おしゃれです。
糸はソフトで軽やかな
ナチュラルコットンヤーン。

design --- 了戒かずこ
編み方 --- 91 ページ

パウダーカラーの配色が
さわやかで涼しげなボーダープル。
糸は肌にやさしいオーガニックコットン。
ママの愛情が伝わる
着心地のいい一枚です。

design --- 了戒かずこ
編み方 --- 102ページ

夏らしいマリンカラーに
いかりマークのワンポイントが効果的。
ポイント模様はメリヤス刺しゅうで
あとから飾るほうがかんたんです。

design --- 了戒かずこ
編み方 --- 102ページ

心地いい手編みの

愛犬ハウスとラグ

なんか、
心地よくって
寝坊しちゃった…。

アップサイクルエコヤーンとして
話題になった
超極太の糸ズパゲッティで
ワンちゃんオンリーのくつろぎ空間
愛犬ハウスを編んであげました。
仕上げにピンクでポンポンを屋根に飾り
ネックリボンもおそろいに。
なんだか、とってもうれしそうでしょ？

design --- 河合真弓
使用糸 --- DMC ズパゲッティ、
ハッピーコットン
編み方 --- 53 ページ

綿入りニット地の糸だから
弾力性があって
さわり心地がとってもソフトなラグ。
超太糸なので指編みで編みます。
短時間で編めるのも
この糸のうれしい特徴です。

design --- 河合真弓
使用糸 --- チャンキーニットヤーン
編み方 --- 52ページ

ソフトで型崩れしにくい

糸の特性を生かしたアニマルハウス。

ライト&インクブルーの

ツートンでさわやかに。

マットとおそろいで作ってあげると

おしゃれです。

design --- 河合真弓
使用糸 --- チャンキーニットヤーン
編み方 --- 52ページ

指編みの編み方ポイント

no. 35
作品 48ページ
編み方 52ページ

●作品35・36で使用した綿入りのひも状の変わり糸「チャンキー（ずんぐり）ニットヤーン」は、編み針でなく指編みで編みます。道具を使わないこと、ザクザク編むので短時間で完成できることが利点。編み方の基本は棒針編みと同じですが、針を使わず、糸はすべて人差し指と親指で引き出します。

糸

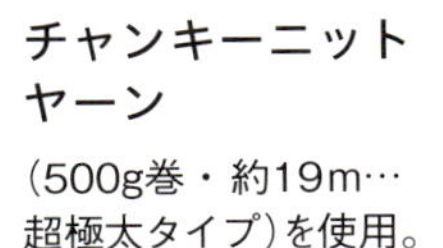

チャンキーニットヤーン
(500g巻・約19m…超極太タイプ)を使用。

【鎖編み】目を作る

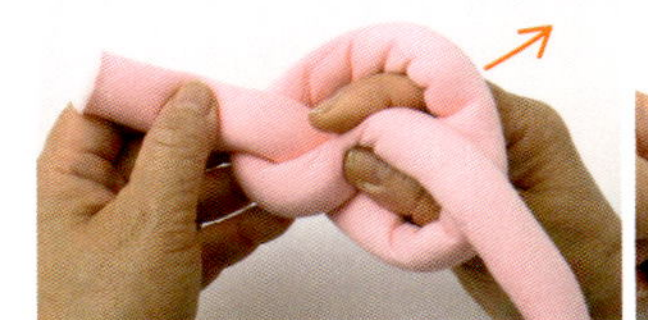

1 糸端を約10cm残して糸輪を作ります。

2 輪の中に親指と人さし指を入れて編み糸を引き出します。

3 これを鎖1目と数えます。

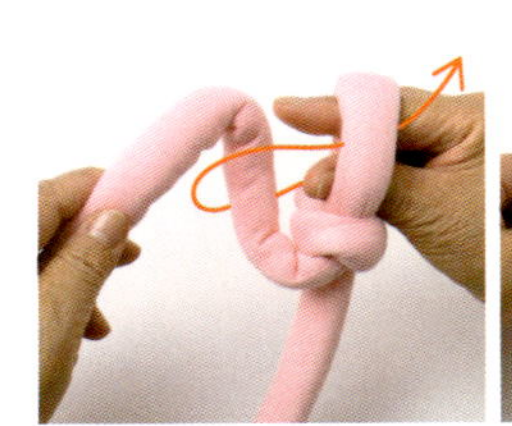
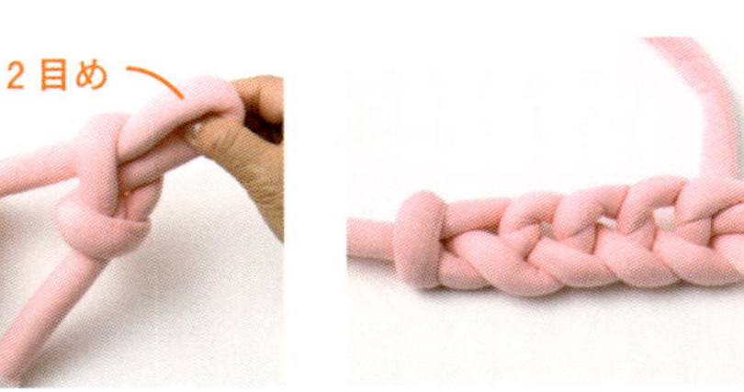

4 鎖1目の中から編み糸を引き出し、鎖2目めを作ります。

5 4をくり返して必要目数を作ります。

【メリヤス編み】

ラグマットは鎖の裏山から目を拾い、表・裏に返しながら往復に編みます。

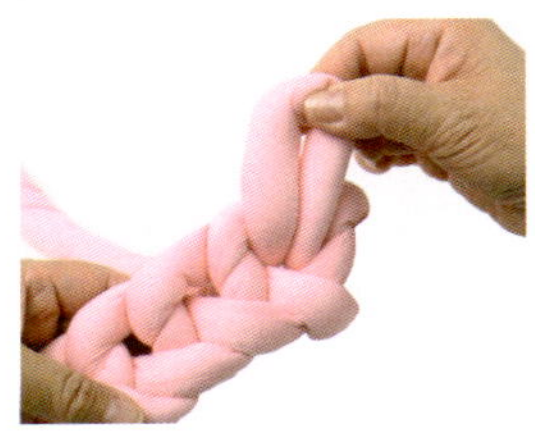

1 鎖半目に人差し指を入れて編み糸を引き出します。引き出した目から手を離しては次の目を引き出すことをくり返します。

2 表側は目の中に人さし指と親指を入れて、編み糸を引き出します（表目）。

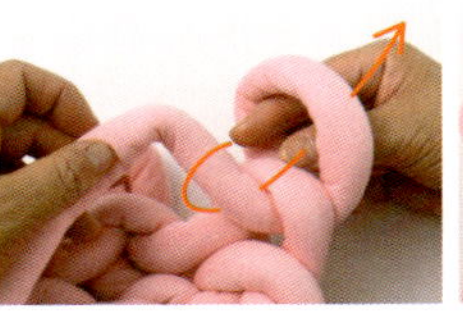

3 裏側は裏に返して、向こう側から向こう側に編み糸を引き出します。（裏目）。

4 2・3 をくり返します。

【伏せどめ】

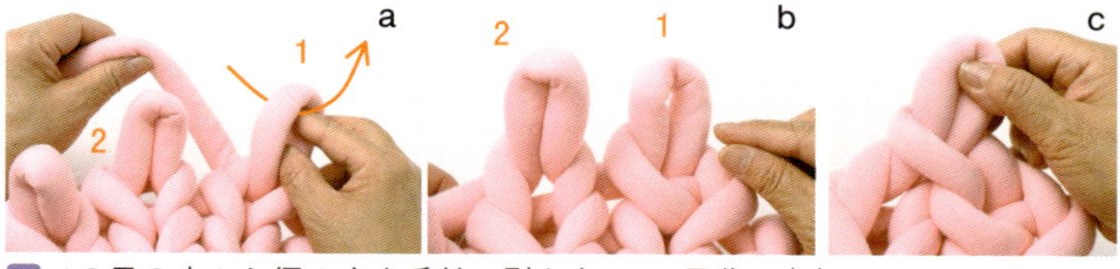

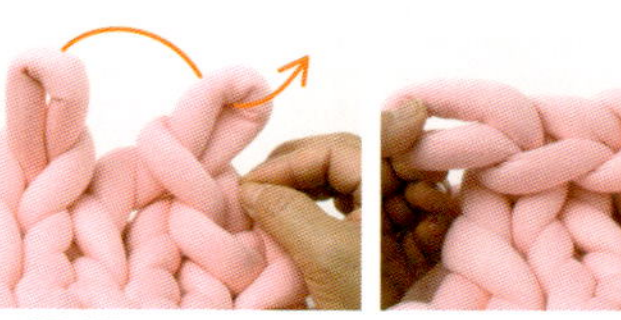

1 1の目の中から編み糸を手前に引き出して1目作り(a)、2の目からも編み糸を引き出して1目作り(b)、1の目の中から2の目を引き出します(c)。

2 1のb・cをくり返して全目を伏せどめます。

【目の拾い方】 作品36の側面の目の拾い方。

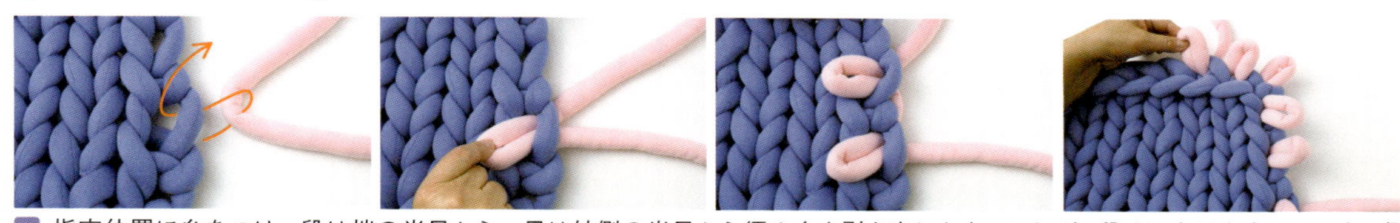

■ 指定位置に糸をつけ、段は端の半目から、目は外側の半目から編み糸を引き出します。これが1段めになります。※ハウス側面は底の裏側を見て同様に拾う。

【ガーター編み】

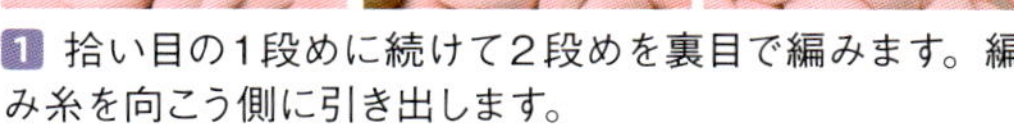

1 拾い目の1段めに続けて2段めを裏目で編みます。編み糸を向こう側に引き出します。

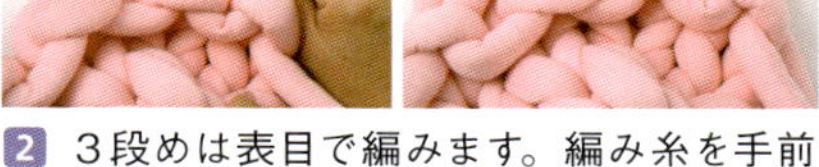

2 3段めは表目で編みます。編み糸を手前に引き出します。

3 1・2をくり返します。

【巻きステッチ】 伏せどめた糸端に続けて、ステッチを一周します。

1 段からは端半目に1段おきに人さし指を入れて、手前側にステッチ糸を引き出します。

2 目からは半目外側の全目から、ステッチ糸を引き出します。

●糸が途中でなくなった場合

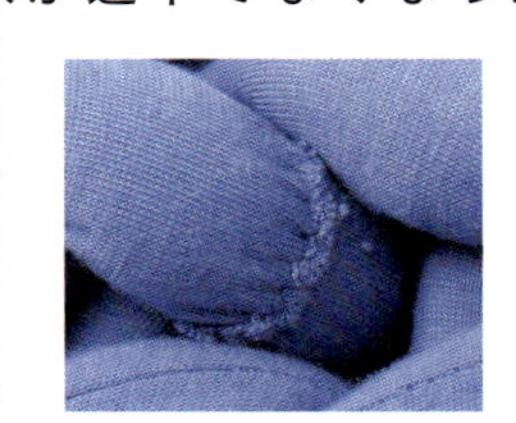

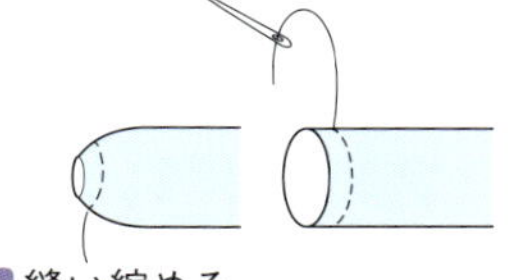

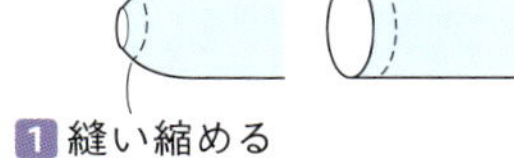

1 縫い縮める

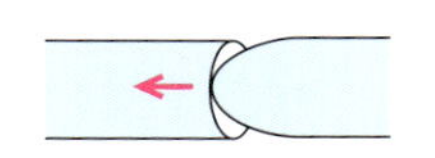

2 新たな糸の芯を少し抜き、中に入れてとめつける

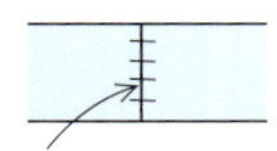

3 同色の縫い糸で縫う

35

36

作品 no. 35・36

» 48・49ページ

［材料と用具］

糸／35　超極太タイプのチャンキーニットヤーン（500g巻・約19m）のインクブルー（10・廃色）を770g

糸／36　超極太タイプのチャンキーニットヤーン（500g巻・約19m）のインクブルー（10・廃色）を710g、ライトブルー（8・廃色）を470g

［でき上がり寸法］ 35　40×54cm　　36　底36×22cm　高さ16cm

［編み方要点］ ※指編みで編みます。

35 ラグ

●鎖の作り目をして鎖の裏山から目を拾い、メリヤス編みで編んで伏せどめます。約2.5周分の糸を残して切り、回りを巻きステッチでかがります。

36 アニマルハウス

●底は鎖の作り目をして鎖の裏山から目を拾い、メリヤス編みで編んで伏せどめます。側面は底から目を拾い、指定色でガーター編みを輪に５段編みますが、最後の３目は伏せどめて入り口を作り、６段まで編んだら裏側を見て伏せどめます。

●指編みの編み方は50ページからの「指編みの編み方ポイント」を参照してください

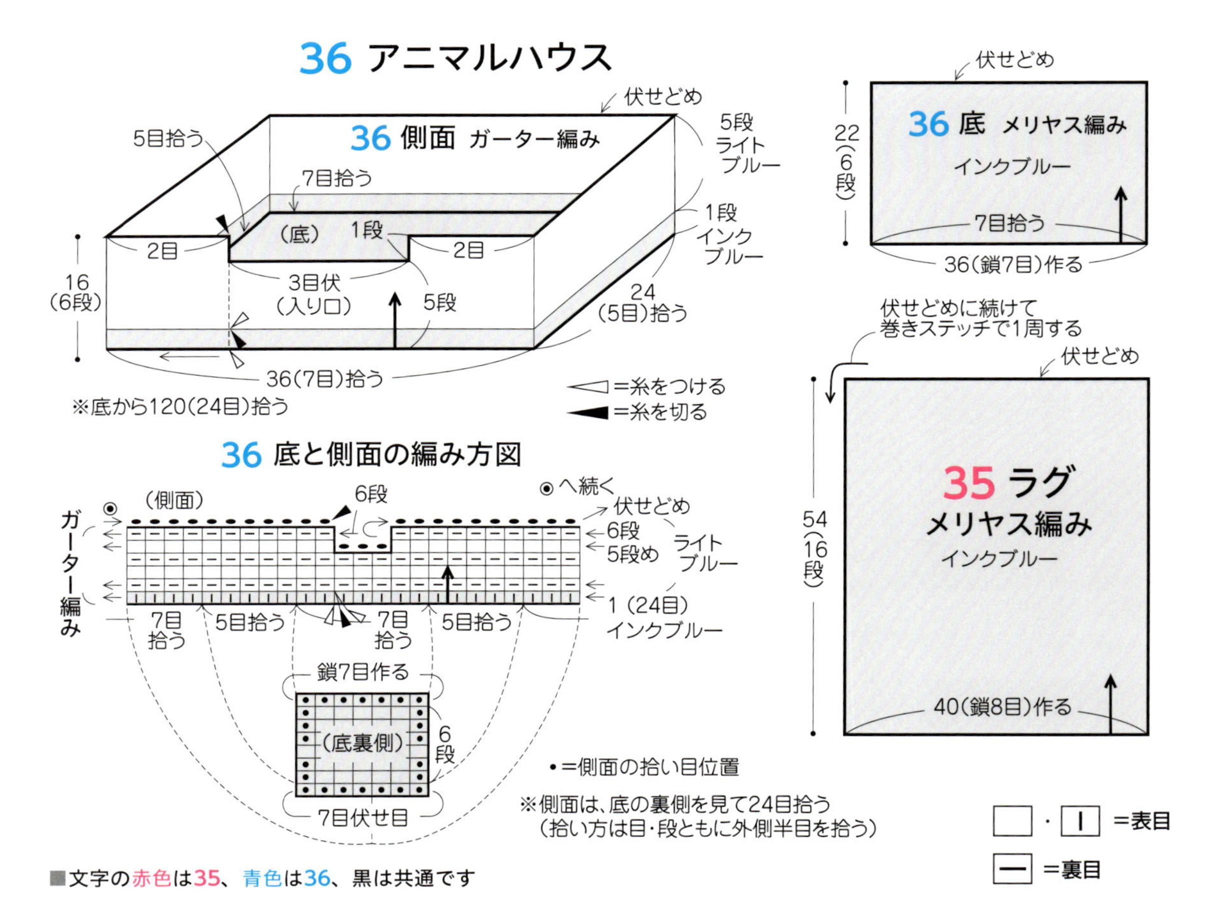

■文字の赤色は35、青色は36、黒は共通です

作品 no. 34 » 46ページ

[材料と用具]

糸／**34** DMC ズパゲッティ（900g巻・約120m…超極太タイプ）のGrey（グレー・廃色）を愛犬ハウスに3,280g（４玉） DMC ハッピーコットン（20g巻・約43m…並太タイプ）の755（ピンク）を愛犬ハウスに18g（１玉）、リボンに30g（２玉）

針／愛犬ハウス 10ミリかぎ針

リボン 4/0号かぎ針

[ゲージ10cm四方]

愛犬ハウス 長編み7目3.5段

模様編み9.5目5.5段

リボン 長編み27目10.5段

[でき上がり寸法]

愛犬ハウス 底部分直径52cmの円

リボン 幅３cm 長さ71cm（ポンポンを除く）

●編み方要点は54ページにあります

34 愛犬ハウス ★愛犬ハウスはすべて10ミリかぎ針で編む

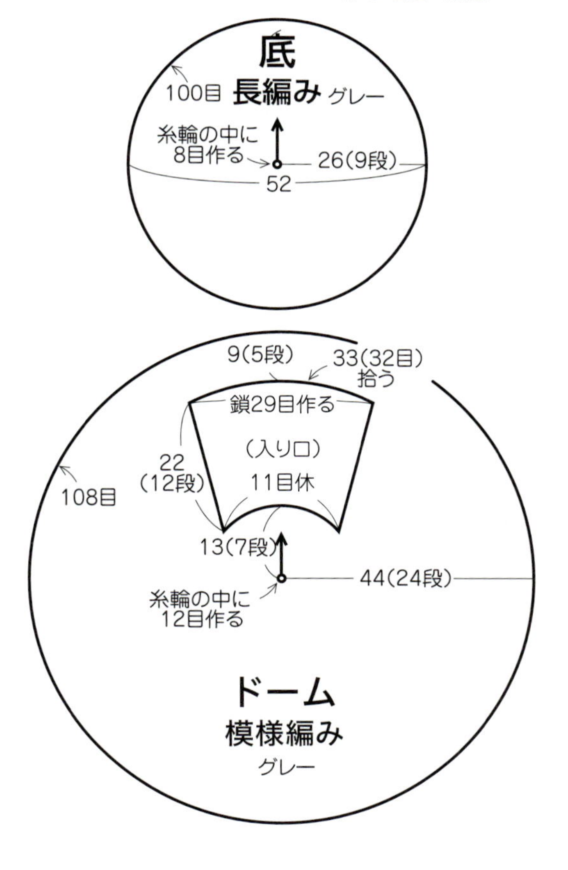

34リボン 長編み (4/0号針) ピンク

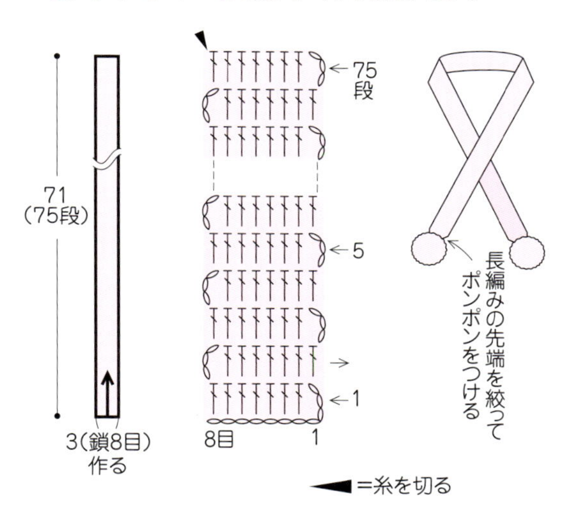

ポンポン ピンク

愛犬ハウス 1個

8.5cmの厚紙に
2本どりで150回巻く

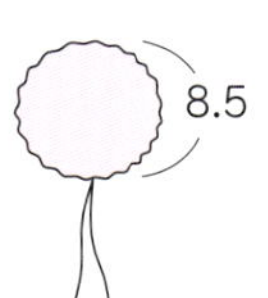

リボン 2個

4.5cmの厚紙に
2本どりで40回巻く

[編み方要点]

愛犬ハウス

- 底は糸輪の作り目をし、長編みで増し目をしながら編みます。
- ドームは底と同じ作り目をして模様編みで輪の往復編みに編みます。5段めから奇数段は、偶数段の鎖編みを編みくるみながら編みます。 8 段から19段までは往復編みで編み、19段めで鎖29目を作ります。20段めから輪の往復編みで24段まで編みます。
- 入り口は引き抜き編みと細編みで整えます。
- 底とドームを合わせ、目数を調整しながら内側半目を巻きはぎで合わせます。ドーム最終段の鎖の目はドームの内側に入るようにします。
- ポンポンを作り、ドームの先端につけます。

リボン

- 鎖編みの作り目をして長編みで増減なく編みます。
- ポンポンを作り、リボンの両端につけます。

底の編み方図

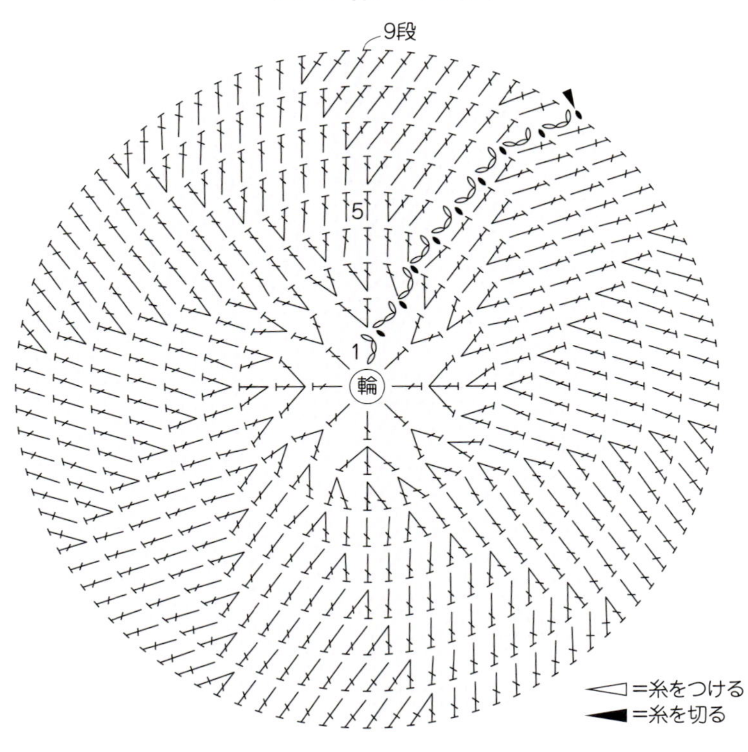

記号の編み方は「編み目記号と基礎」を参照してください

=鎖編み
=細編み
=長編み
=表引き上げ編み（長編み）
=表引き上げ編み（長々編み）
=長編み2目
=表引き上げ編み（細編み）
=引き抜き編み

メリヤス刺しゅう

横刺し

❶Vの字の下からとじ針を出し、1段上のVの字をすくう

❷針の入れ始めに戻りながら、八の字をすくう。これをくり返す

たて刺し

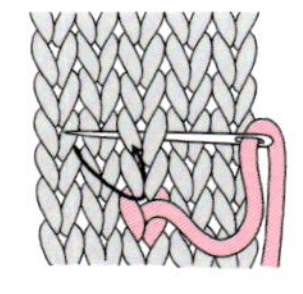

❶Vの字の下からとじ針を出し、1段上のVの字をすくう

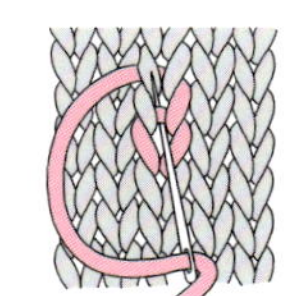

❷とじ針の入れ始めに戻って横糸をすくう。これをくり返す

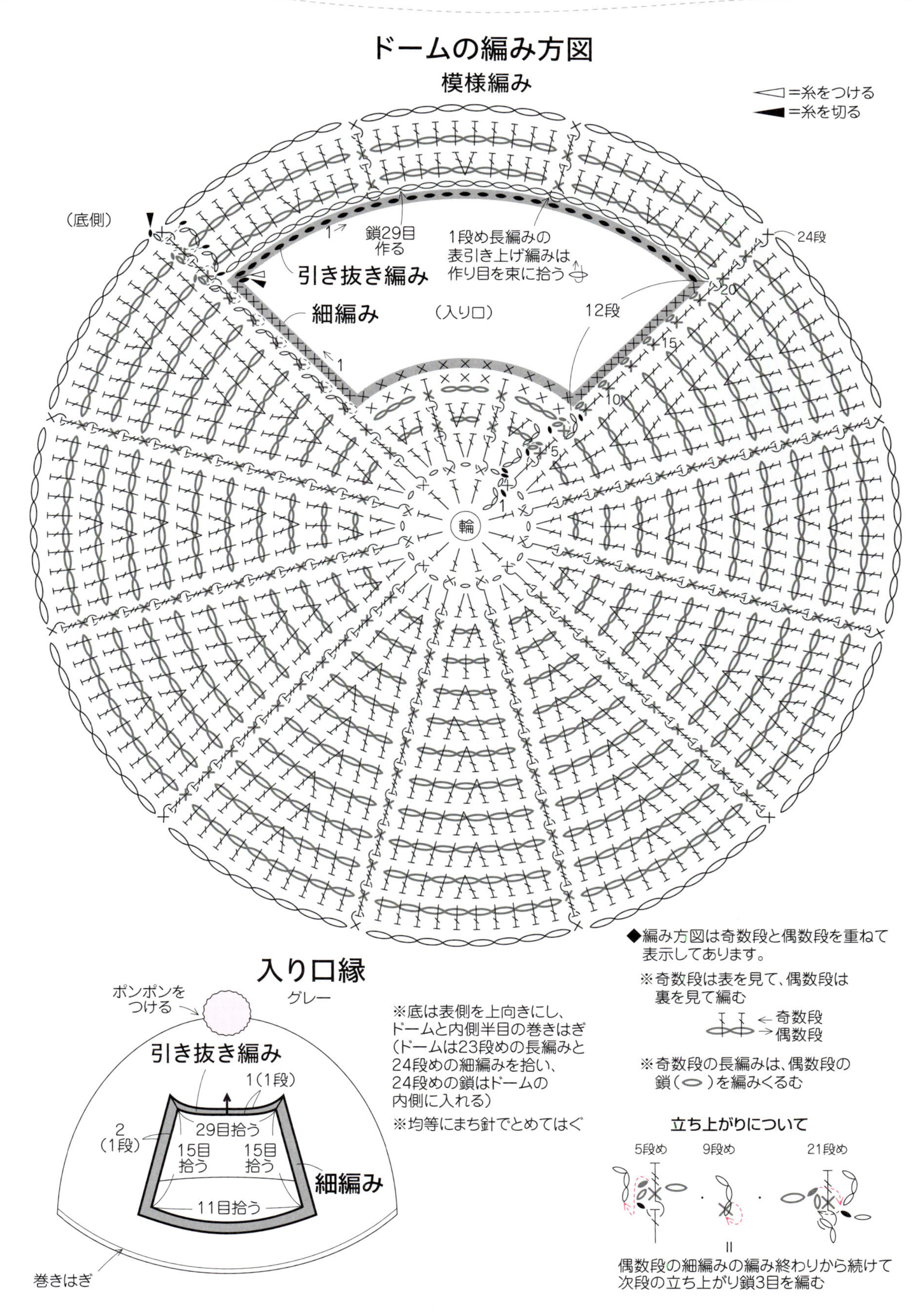
ドームの編み方図
模様編み
=糸をつける
=糸を切る
(底側)
鎖29目
作る
1段め長編みの
表引き上げ編みは
作り目を束に拾う
引き抜き編み
細編み
(入り口)
12段
24段
20
15
10
5
1
輪
◆編み方図は奇数段と偶数段を重ねて
表示してあります。
※奇数段は表を見て、偶数段は
裏を見て編む
奇数段
偶数段
※奇数段の長編みは、偶数段の
鎖( )を編みくるむ
立ち上がりについて
5段め
9段め
21段め
偶数段の細編みの編み終わりから続けて
次段の立ち上がり鎖3目を編む
入り口縁
グレー
ポンポンを
つける
引き抜き編み
1(1段)
29目拾う
2
(1段)
15目
拾う
15目
拾う
細編み
11目拾う
巻きはぎ
※底は表側を上向きにし、
ドームと内側半目の巻きはぎ
(ドームは23段めの長編みと
24段めの細編みを拾い、
24段めの鎖はドームの
内側に入れる)
※均等にまち針でとめてはぐ

1

2

作品 no. 1・2

» 4・5ページ

[材料と用具]

糸／1　極太タイプのストレートヤーンのブルー×黒をプルオーバーに160g、帽子に90g

糸／2　超極太タイプのストレートヤーンをプルオーバーに濃いピンクを140g、緑・ターコイズブルー・紫を各20g　マフラーに濃いピンク・緑・ターコイズブルー・紫を各15g

針／1・2共通　プルオーバー　11号・10号２本、10号４本棒針

1　帽子　11号４本棒針

2　マフラー　11号２本棒針

付属品／1・2共通　ゴムカタン糸を適宜

[ゲージ10cm四方]

1・2共通　メリヤス編み・メリヤス編み縞17目22段

[でき上がり寸法]

1　胴回り54cm　後ろたけ39cm　帽子　頭回り54cm　深さ20cm

2　胴回り54cm　後ろたけ39cm　マフラー　幅8cm　長さ78cm

1・2 プルオーバー

●作品1・2のプルオーバーの編み方は58ページにあります

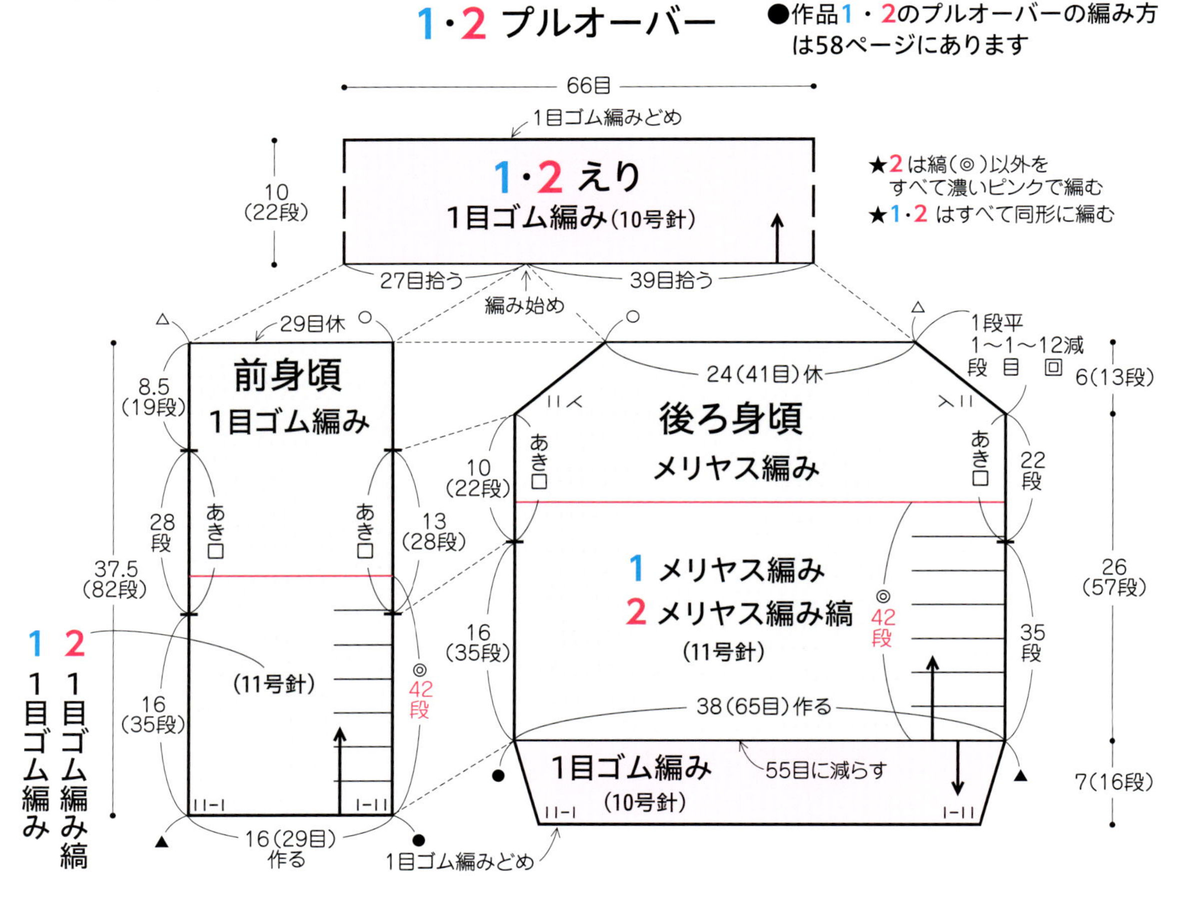

■文字の青色は1、赤色は2、黒は共通です

［編み方要点］

プルオーバー

- 後ろ身頃は別糸の作り目をし、1はメリヤス編み、2はメリヤス編み縞とメリヤス編みで肩まで編みます。メリヤス編み縞は糸を脇でたてに渡して編みます。肩は図を参照して減らし、編み終わりは休み目にします。裾は指定目数を拾い、1目ゴム編みを編みます。編み終わりは1目ゴム編みどめにします。
- 前は一般的な作り目をし、1は1目ゴム編み、2は1目ゴム編み縞と1目ゴム編みで増減なく編みます。編み終わりは休み目にします。
- 合印（△・○・▲・●）を合わせ、あき口を残して肩、脇をすくいとじにします。
- えりは休み目から目を拾い、1目ゴム編みを輪に編んで1目ゴム編みどめにします。えりの1～3段にはそれぞれゴムカタン糸を通します。

1 帽子

- 一般的な作り目をして輪にし、2目ゴム編みで編みます。トップは図を参照して減らし、残りの目に糸端を通して絞りどめます。

2 マフラー

- 一般的な作り目をし、2目ゴム編み縞で増減なく編みます。編み終わりは前段と同じ目を編みながら伏せどめます。

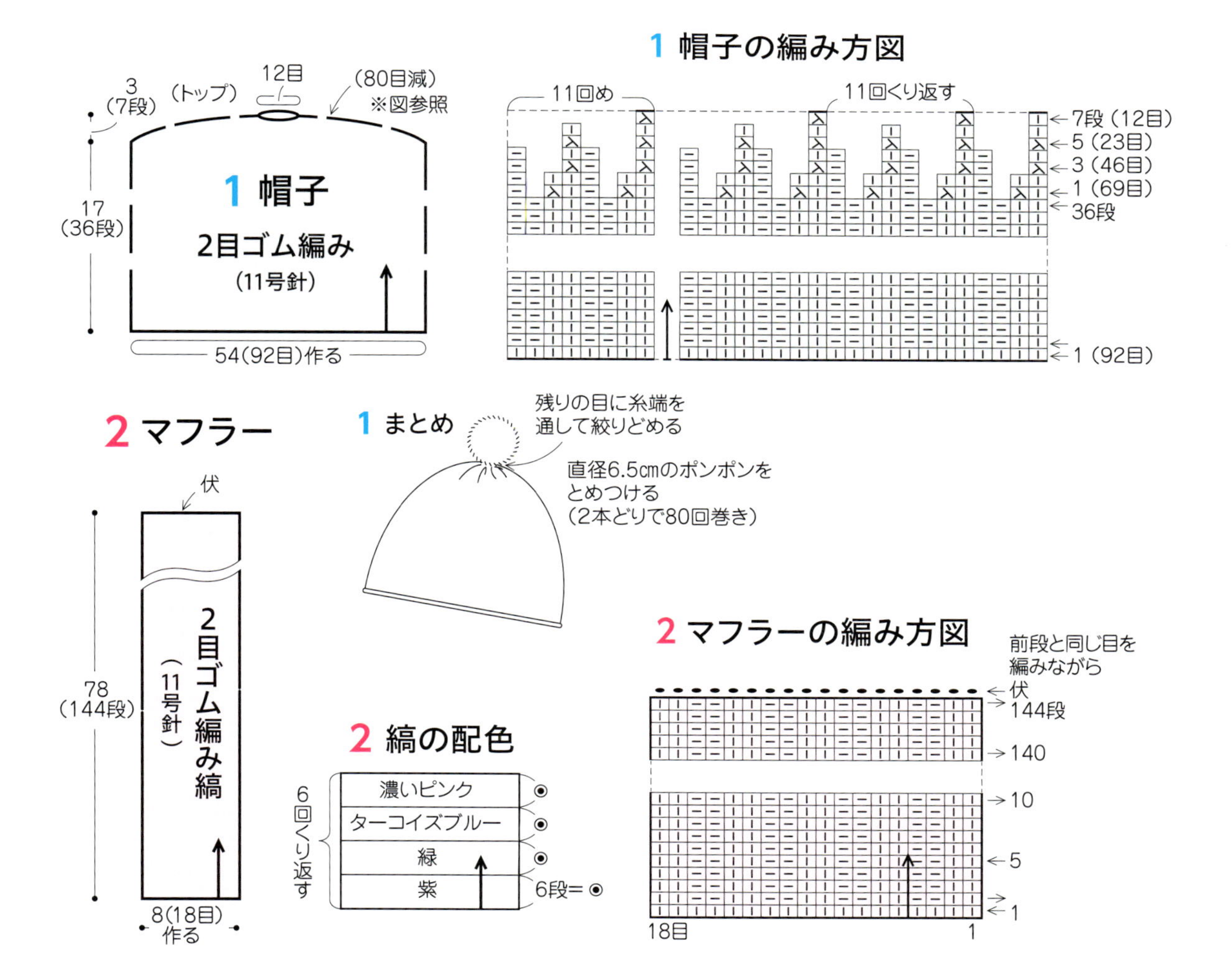

1・2 プルオーバーの編み方図

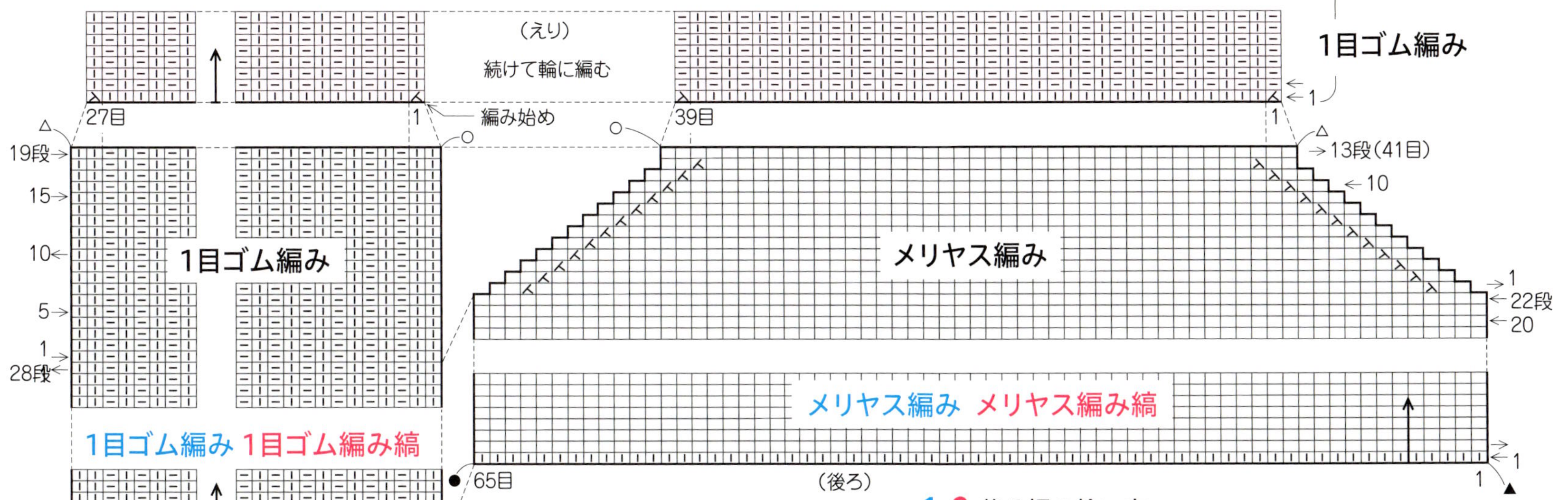

1・2 後ろ裾の拾い方

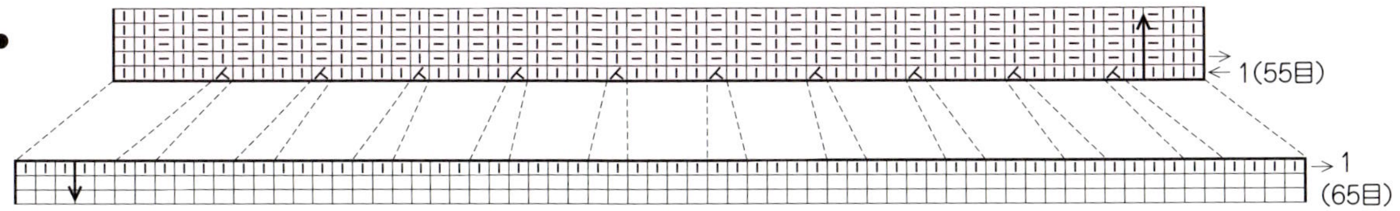

2 縞の配色

配色
紫
緑
ターコイズブルー
濃いピンク
紫
緑
ターコイズブルー

42段、6段＝◉

1・2 まとめ

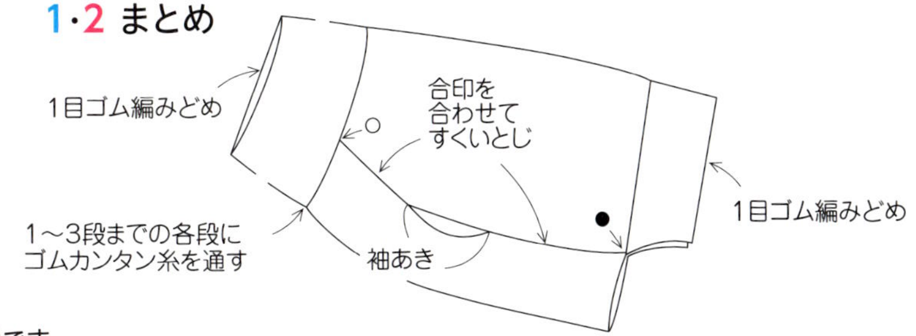

記号の編み方は「編み目記号と基礎」を参照してください

□・｜＝表目　─＝裏目

入＝右上2目一度　人＝左上2目一度

●＝伏せ目

■文字の青色は1、赤色は2、黒は共通です

4

5

作品 no. 4・5

8・11ページ

[材料と用具]

糸／4　超極太タイプのストレートヤーンをプルオーバーに生成り×赤を65g、赤を35g　帽子に生成り×赤を80g、赤を20g

糸／5　超極太タイプのストレートヤーンをワンピースに紫を95g、ピンクを45g、アイボリー・黄緑・水色を各15g　マフラーに紫・ピンクを各45g、アイボリー・黄緑・水色を各15g

針／4プルオーバー　15号２本・14号４本棒針　6/0号かぎ針
帽子　15号４本棒針
5ワンピース　15号２本・14号・15号４本棒針
マフラー　8ミリ２本棒針

[ゲージ10cm四方]

4・5共通　メリヤス編み・メリヤス編み縞15目17段

[でき上がり寸法]

4　胴回り40cm　後ろたけ25cm　帽子　頭回り53cm　深さ20cm

5　胴回り40cm　後ろたけ31cm　マフラー　幅12cm　長さ145cm

●編み方要点は60ページにあります

4 プルオーバー
5 ワンピース

えり 1目ゴム編み
1目ゴム編みどめ
5（紫）（15号針）
4（赤）（14号針）
10段　7段
10（17段）
4（7段）
38目
19目拾う　19目拾う

前身頃
4 1目ゴム編み（生成り×赤）
5 1目ゴム編み縞
（15号針）
休
7（12段）
11.5（20段）
6（10段）
24.5（42段）
14(21目)作る

後ろ身頃
4 メリヤス編み（生成り×赤）
5 メリヤス編み縞
（15号針）
14(21目)休
1段平
1-1-9 減
段目回
あき口
8（14段）
6（10段）
6（10段）
20（34段）
26(39目)拾う
26(39目)作る
5は上・下スカートを重ねて2目を一緒に編む

5 上スカート
メリヤス編み（ピンク）（15号針）
39目休
52(78目)作る
6.5（11段）

5 下スカート
メリヤス編み（紫）（15号針）
39目休
最終段で全目を2目一度（⋌）= ø
52(78目)作る
11（19段）

5 縞の配色

ピンク
紫
アイボリー
水色
黄緑

2段= ◉
くり返す
※各色2段

■文字の赤色は4、青色は5、黒は共通です

[編み方要点]

4 プルオーバー

- 後ろ身頃は別糸の作り目をしてメリヤス編みで肩まで増減なく編み、あき口に糸印をつけます。肩は目を減らし、編み終わりは休み目にします。裾は別糸をほどいて目を拾い、1目ゴム編みを編みます。編み終わりは1目ゴム編みどめにします。
- 前は一般的な作り目をして1目ゴム編みで増減なく編み、編み終わりは休み目にします。
- 合印（□・△・■・▲）を合わせ、あき口を残して肩、脇をすくいとじにします。
- えりは休み目から目を拾い、1目ゴム編みを輪に編んで1目ゴム編みどめにします。
- 図を参照して花コサージュを作り、後ろにとめつけます。

5 ワンピース

- 上・下スカートはそれぞれ一般的な作り目をしてメリヤス編みで編み、最終段は2目一度で目を減らします。編み終わりは休み目にします。
- 後ろ身頃の1段めは上・下スカートを重ねて2目を一緒に編み、続けてメリヤス編み縞で編みます。メリヤス編み縞は糸を脇でたてに渡して編みます。肩を減らし、編み終わりは休み目にします。
- 前からえりまでは4と同じ要領で編みますが、前は1目ゴム編み縞で編み、えりは針の号数をかえながら編みます。
- 図を参照してリボンを作り、後ろにとめつけます。

4 帽子

- 一般的な作り目をして輪にし、1目ゴム編みで編みます。トップは図を参照して減らし、残りの目に糸端を通して絞りどめます。ポンポンを作り、トップにとめつけます。

5 マフラー

- 一般的な作り目をし、2目ゴム編み縞で増減なく編み、編み終わりは伏せどめにします。

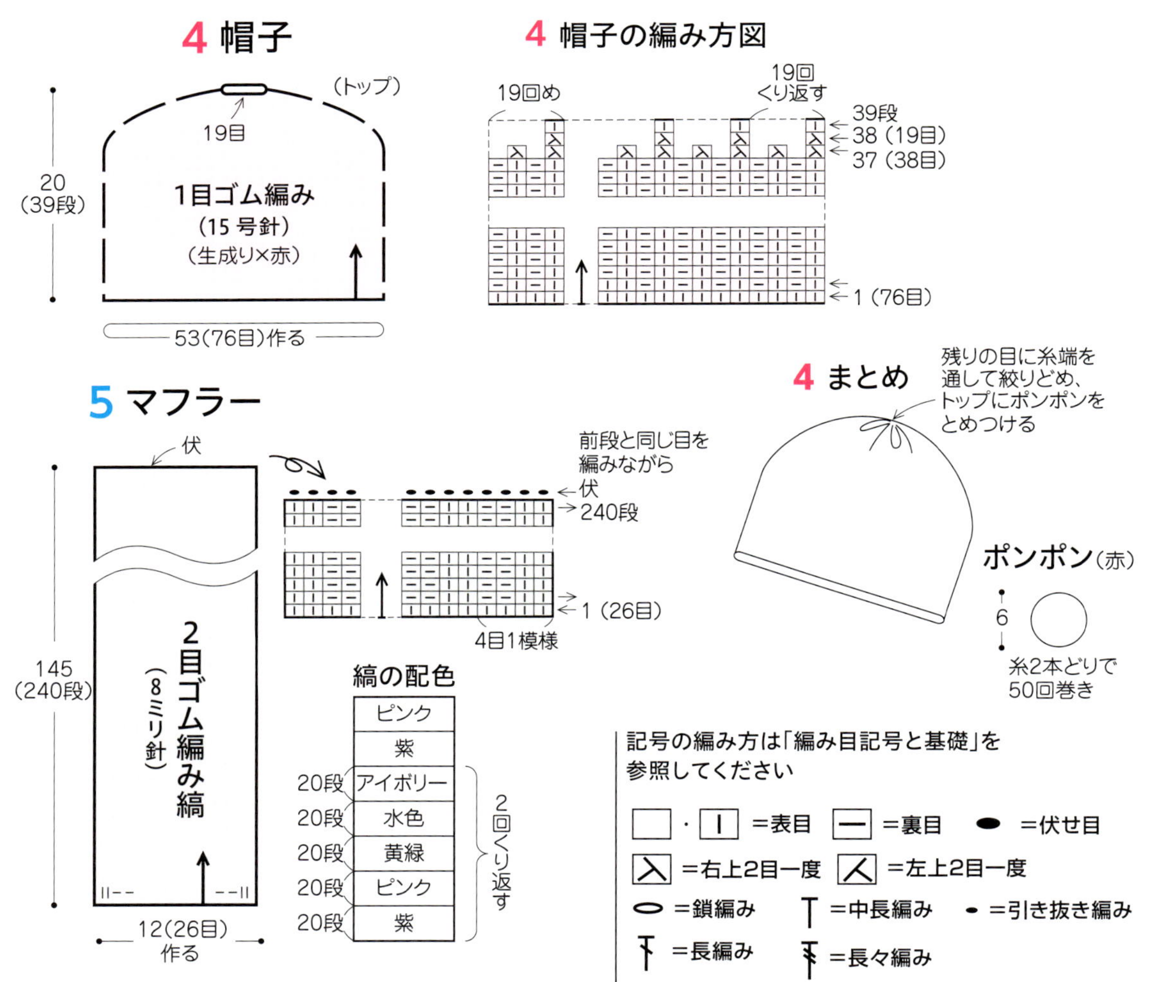

4 プルオーバー・5 ワンピースの編み方図

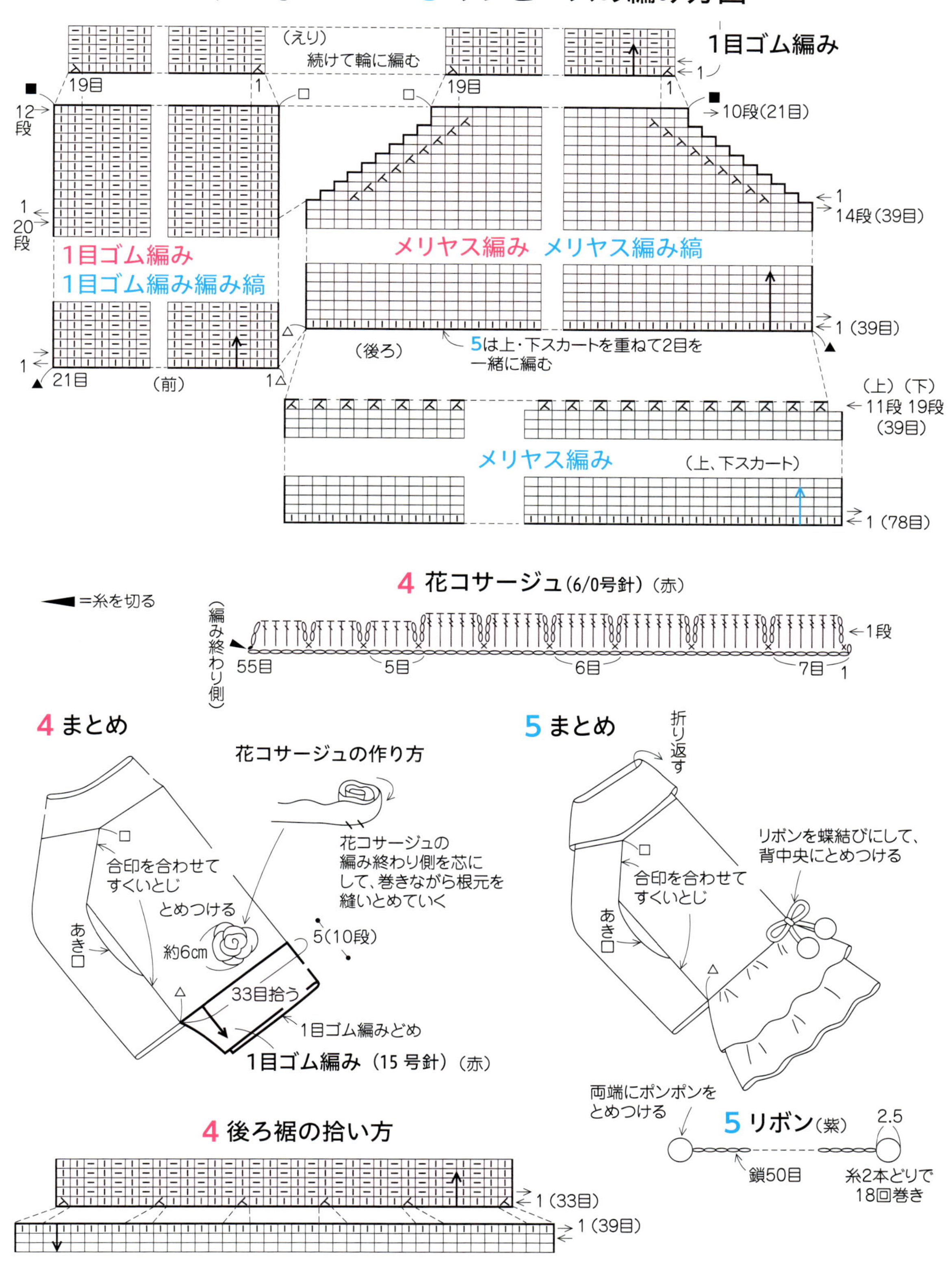

■文字の赤色は4、青色は5、黒は共通です

3

29

28

作品 no. 3・28・29

» 6・41ページ

[材料と用具]

糸／3　超極太タイプのスラブヤーンのオレンジ色をプルオーバーに120g、バッグに140g

糸／28　パピー　ミュルティコ（40g巻…並太タイプ）のピンク系段染め（廃色）を60g（2玉）

糸／29　極太タイプのストレートヤーンのベージュを25g、カーキを15g

針／3　7ミリ・8ミリ2本棒針

28・29共通　10号・8号2本棒針

[ゲージ10cm四方]

3　メリヤス編み10目14段

28　メリヤス編み縞18目22段

29　メリヤス編み縞16目20段

[でき上がり寸法]

3　胴回り46cm　後ろたけ33.5cm

バッグ　口幅26cm　深さ25cm

28・29共通　胴回り32cm　後ろたけ25cm

3・28・29 プルオーバー

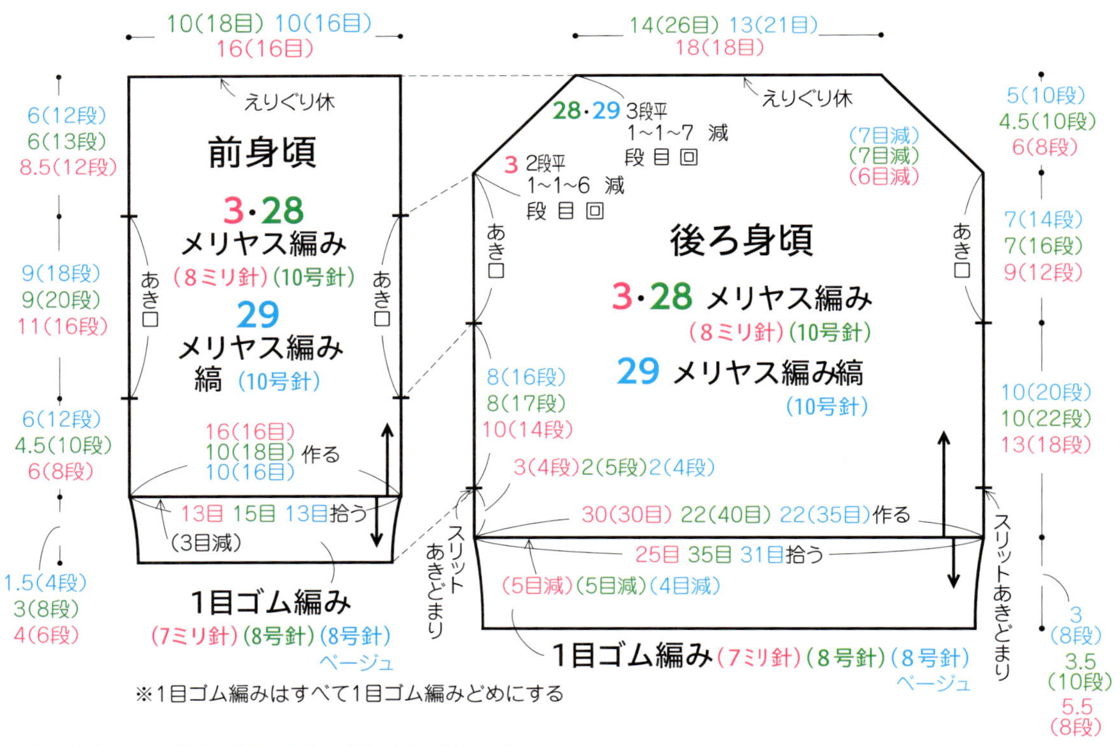

■文字の赤色は3、緑色は28、青色は29、黒は共通です

［編み方要点］

★1目ゴム編みはすべて1目ゴム編みどめをします。

プルオーバー

- 後ろ身頃は一般的な作り目をし、3・28はメリヤス編み、29はメリヤス編み縞で肩まで増減なく編みます。メリヤス編み縞は糸を脇でたてに渡して編みます。スリットあきどまりとあき口に糸印をつけます。肩は目を減らし、編み終わりは休み目にします。裾は作り目から目を拾い、1目ゴム編みを編みます。
- 前は後ろと同じ要領で増減なく編みます。
- 片方の肩をすくいとじにし、えりはえりぐりから目を拾って１目ゴム編みで編みます。えりの両端ともう片方の肩をそれぞれすくいとじにします。
- 28・29の袖口は前後のあき口から目を拾い、１目ゴム編みで編みます。
- 3はあき口から前裾まで、28・29は袖口下から前裾までをすくいとじにします。
- 3はタッセルを作り、後ろ中央につけます。28はえり縁にフリンジをつけます。

3 バッグ

- 一般的な作り目をしてメリヤス編みで増減なく編んで伏せどめます。外表に二つ折りにし、片方の脇をすくいとじにします。
- 入れ口は裏から目を拾い、1目ゴム編みます。もう片方の脇をすくいとじにしますが、入れ口は裏からすくいとじにします。
- 持ち手は一般的な作り目をして1目ゴム編みで編み、編み終わりは伏せどめます。２本編んで入れ口にとじつけます。
- タッセルを作り、中央にとめつけます。

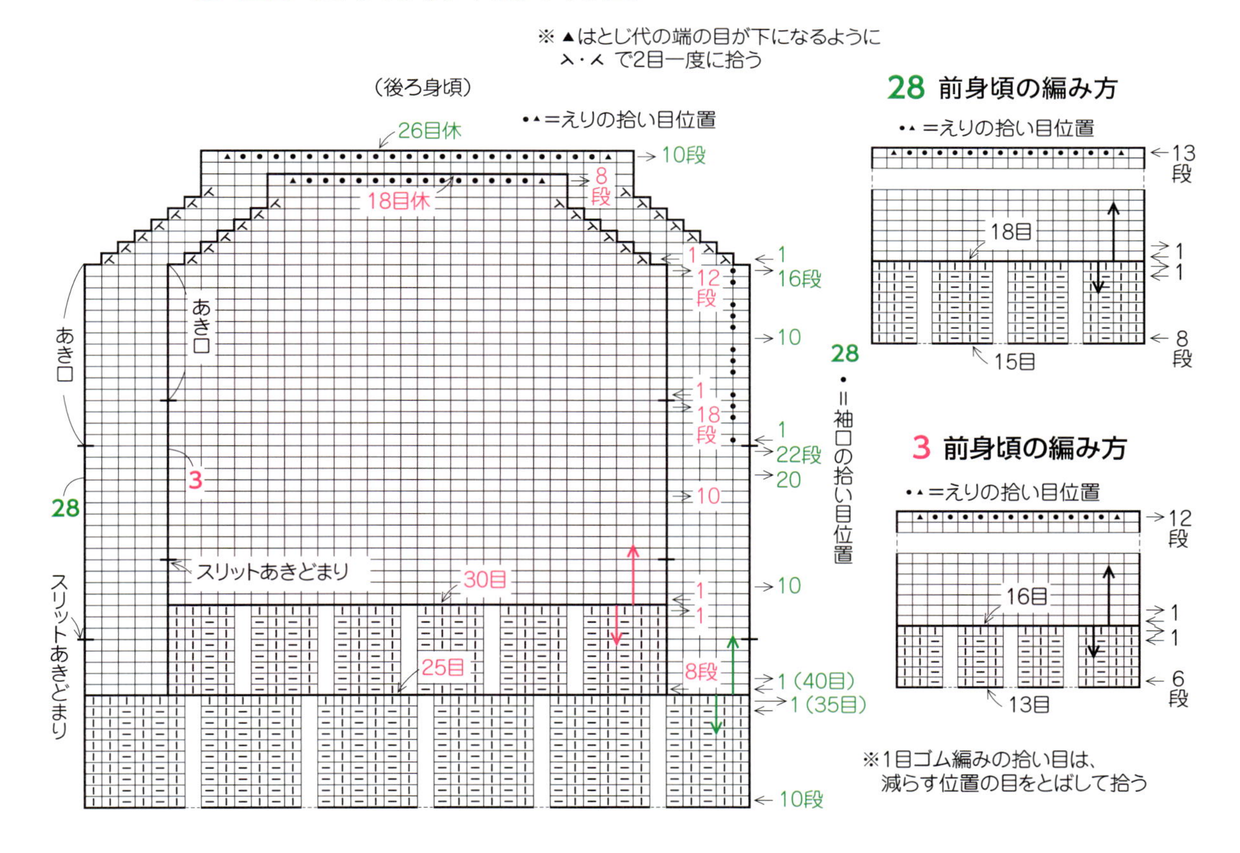

29 後ろ、前身頃の編み方図

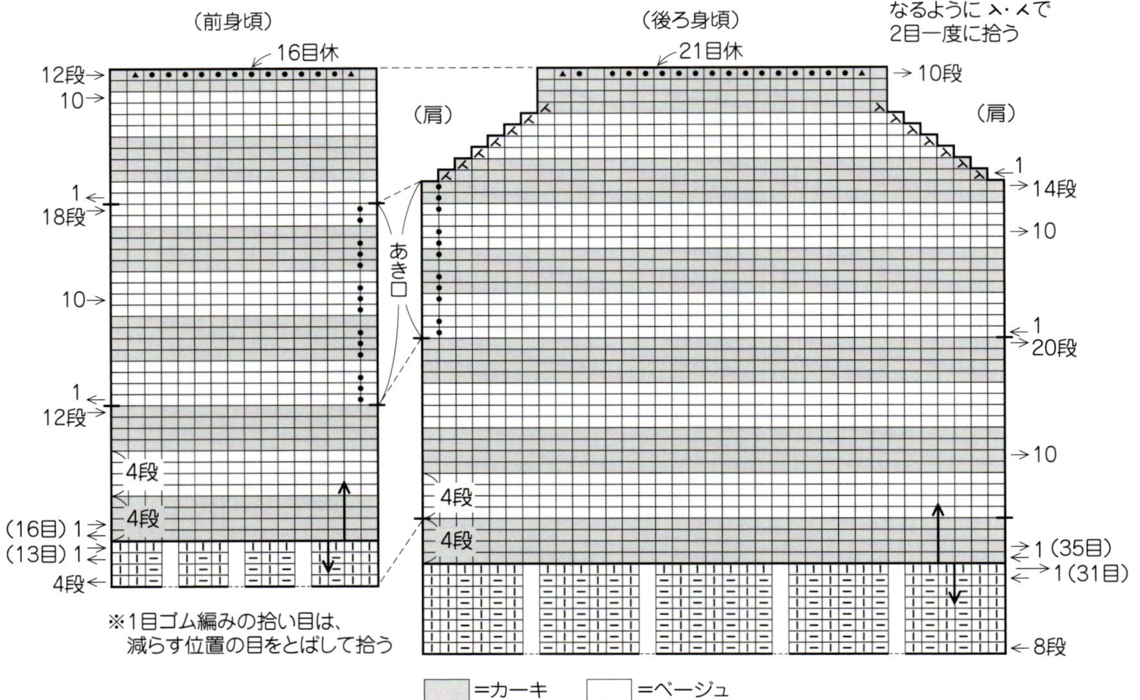

タッセル

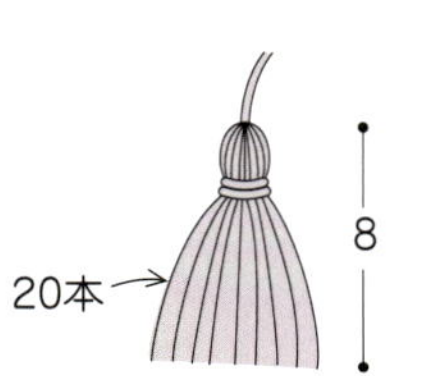

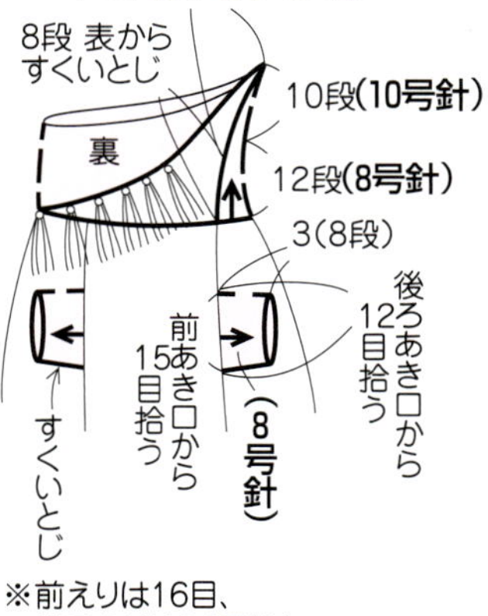

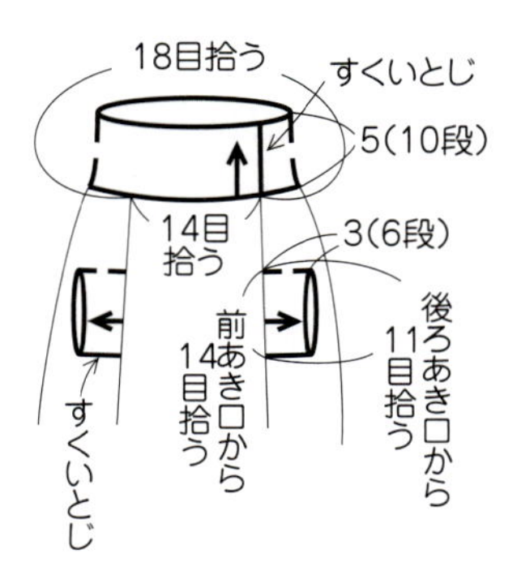

■文字の赤色は3、緑色は28、青色は29、黒は共通です

プルオーバーのまとめ方（3点共通）

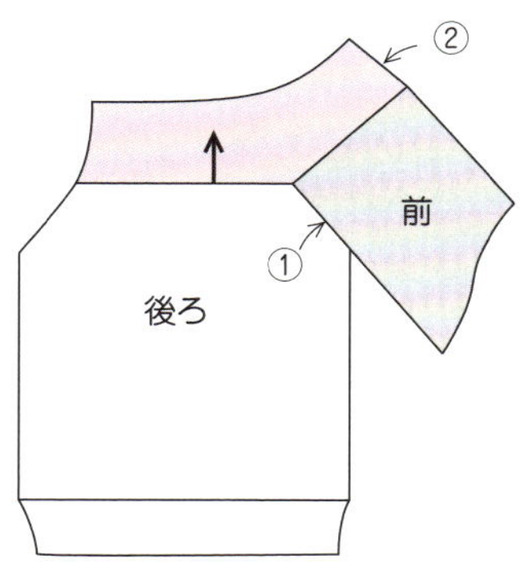

①片方の肩のみ
すくいとじをする

②前後えりぐりから
目を拾い、えりを
1目ゴム編みで編む

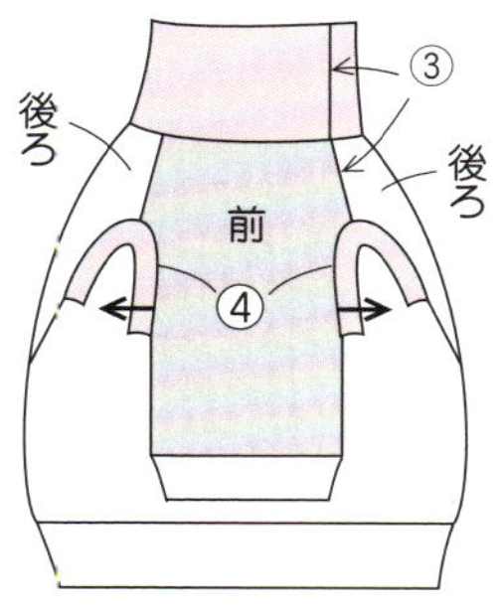

③もう片方の肩とえりを
すくいとじにする

④作品**28**と**29**は前後あき口
から目を拾い、袖口を
1目ゴム編みで編む

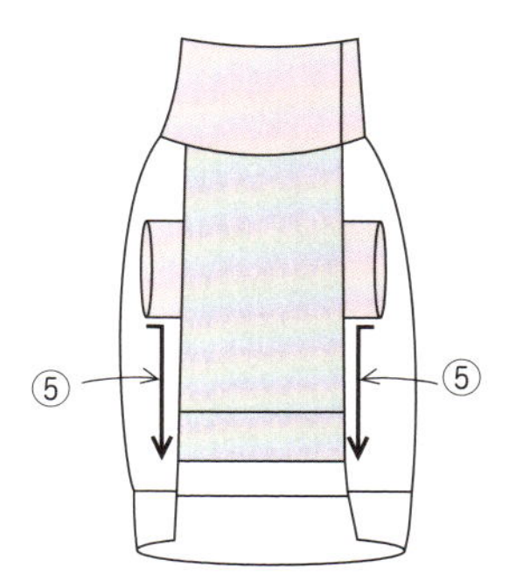

⑤袖口から前裾まで
すくいとじをする
（作品**3**はあき口から前裾まで）

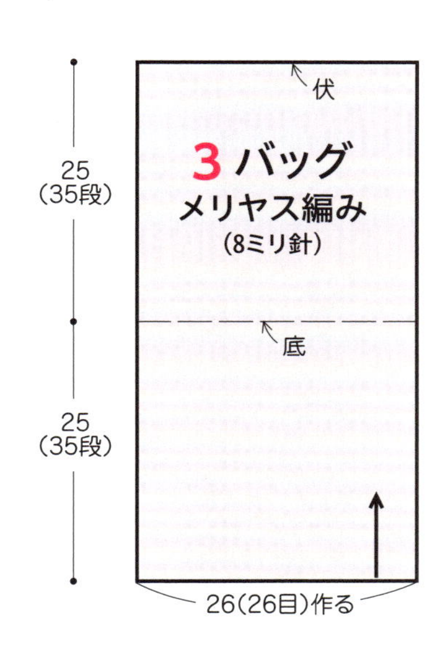

3 持ち手

1目ゴム編み
（7ミリ針）2本

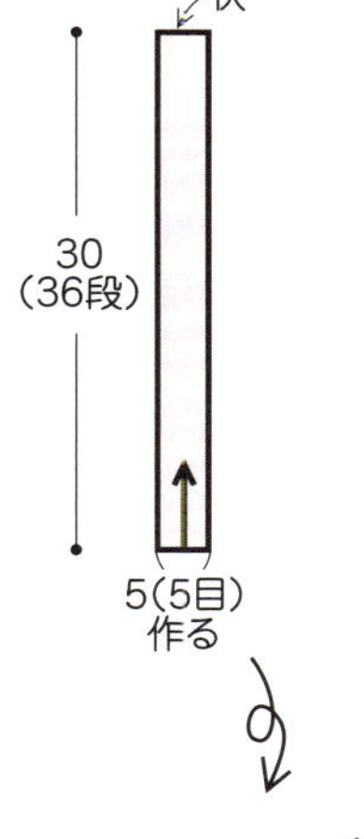

3 バッグのまとめ

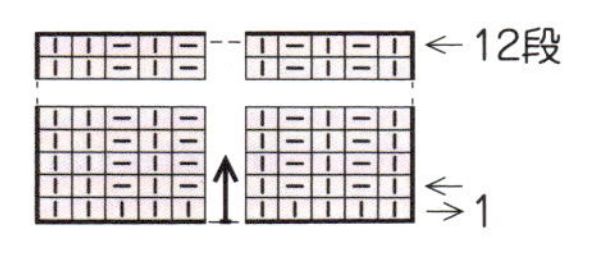

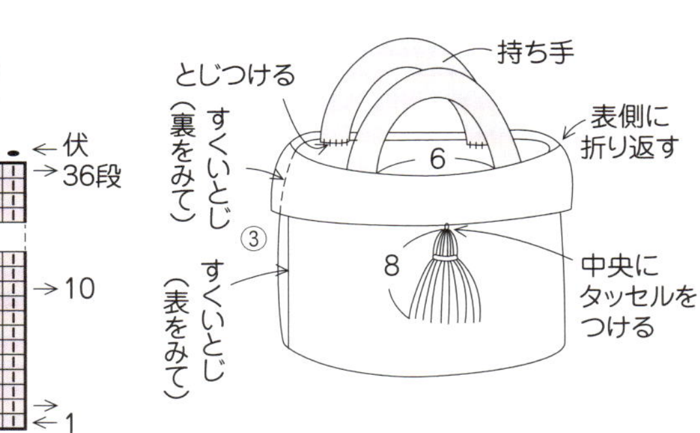

記号の編み方は「編み目記号と基礎」を
参照してください

□・|＝表目

—＝裏目　●＝伏せ目

入＝右上2目一度　人＝左上2目一度

作品 no. 6 ≫ 12ページ

[材料と用具]

糸／極太タイプのストレートヤーンのチャコールグレーをワンちゃんのプルオーバーに70g、オフホワイトを40g
大人のベストにチャコールグレーを240g

針／プルオーバー　8ミリ・15号2本・4本棒針
ベスト　15号60cm輪針　15号2本棒針　7ミリかぎ針

[ゲージ10cm四方]

プルオーバー　メリヤス編み縞11目15段
ベスト　メリヤス編み12目18段
C模様13目22段

[でき上がり寸法]

プルオーバー　胴回り44cm　後ろたけ29cm
ベスト　胸回り76.5cm　着たけ44.5cm

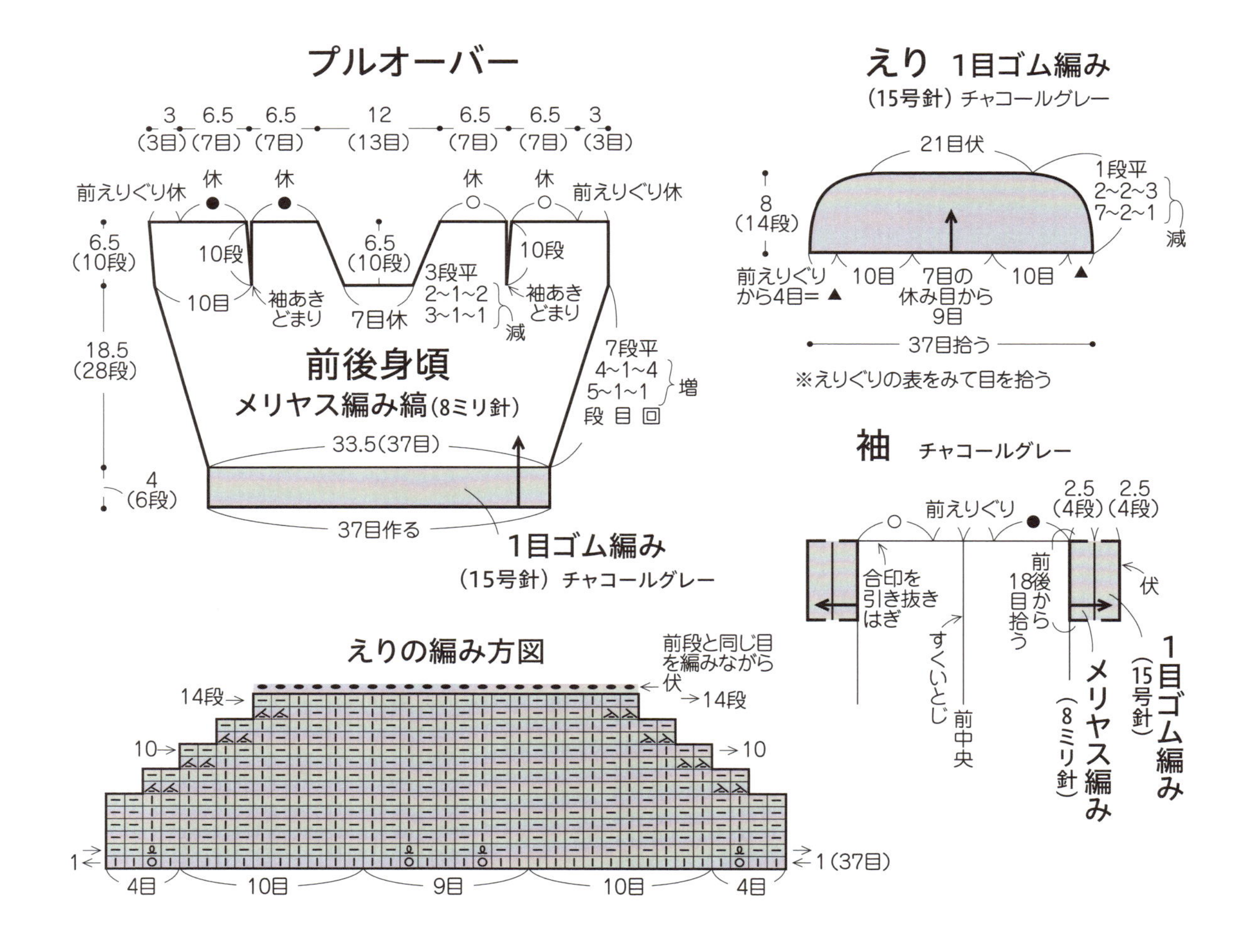

[編み方要点]

プルオーバー

- 前後身頃は一般的な作り目をし、1目ゴム編みを編みます。メリヤス編み縞にかえ、両端でかけ目の増し目をしながら編みます。メリヤス編み縞は糸を脇でたてに渡して編みます。
- 前後に分けて袖あきを作ります。糸のある右側から編み、編み終わりは前えりぐりと肩に目を分けて休み目にします。糸をつけてえりぐりを減らしながら肩まで編みます。中央は休み目にして左側も同じ要領で対象に編みます。
- 肩の合印を中表に合わせて引き抜きはぎにします。
- 前中央は半目内側をすくいとじにします。
- 袖は袖あきの半目内側から目を拾い、メリヤス編みと１目ゴム編みで輪に編みます。編み終わりは伏せどめます。
- えりはえりぐりの段からは半目内側を拾います。両端を減らしながら１目ゴム編みで編みます。
- ポンポンを作り、指定位置にとめつけます。

ベスト

- 一般的な作り目をし、輪にしてA模様・メリヤス編み・B模様で脇を増減なく編み、指定の目数を伏せどめと休み目にします。編み地を裏に返します。
- 休み目から目を拾ってC模様で増減なく編み、休み目にします。前後同じに４枚編みます。
- 肩は中表に合わせて引き抜きはぎで合わせます。
- 裾、えりぐり、袖ぐりはそれぞれの縁編みを編んで形を整えます。

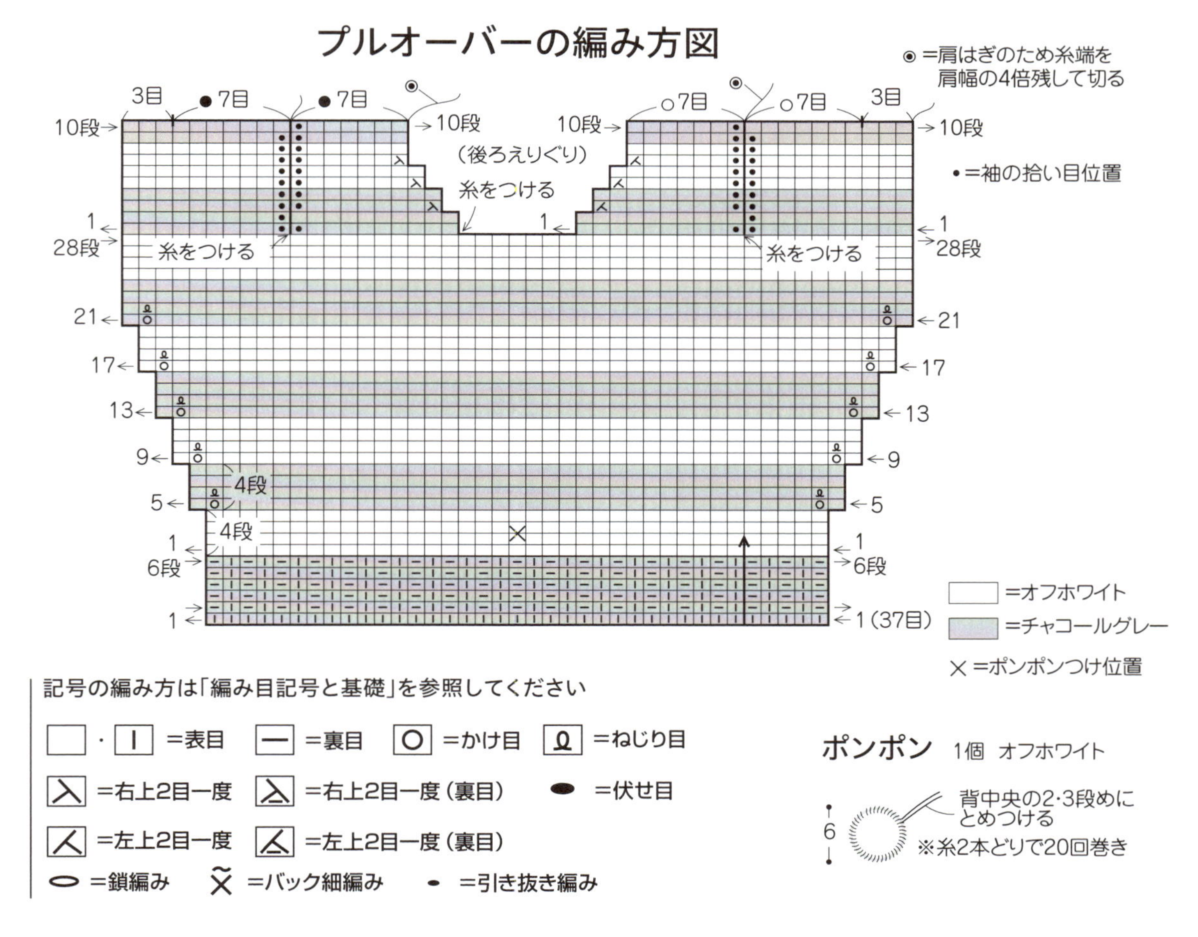

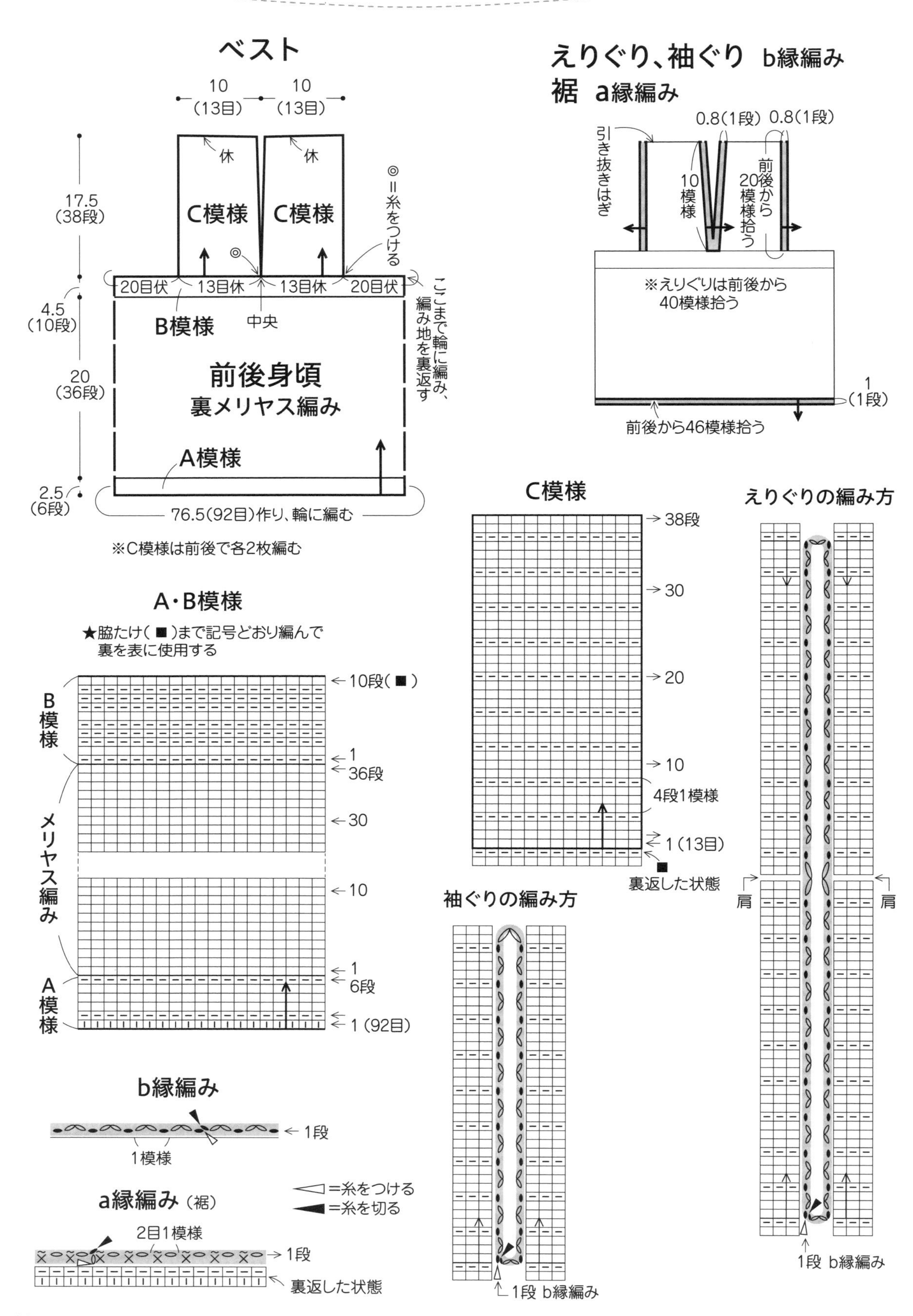
ベスト
10
(13目)
10
(13目)
休
休
17.5
(38段)
C模様
C模様
◎=糸をつける
◎
20目伏
13目休
13目休
20目伏
4.5
(10段)
B模様
中央
ここまで輪に編み、編み地を裏返す
20
(36段)
前後身頃
裏メリヤス編み
A模様
2.5
(6段)
76.5(92目)作り、輪に編む
※C模様は前後で各2枚編む
えりぐり、袖ぐり b縁編み
裾 a縁編み
0.8(1段)
0.8(1段)
引き抜きはぎ
10模様
前後から20模様拾う
※えりぐりは前後から40模様拾う
1
(1段)
前後から46模様拾う
A・B模様
★脇たけ(■)まで記号どおり編んで裏を表に使用する
B模様
メリヤス編み
A模様
10段(■)
1
36段
30
10
1
6段
1 (92目)
C模様
38段
30
20
10
4段1模様
1 (13目)
裏返した状態
えりぐりの編み方
肩
肩
1段 b縁編み
袖ぐりの編み方
1段 b縁編み
b縁編み
1段
1模様
a縁編み (裾)
=糸をつける
=糸を切る
2目1模様
1段
裏返した状態

11

12

作品 no. 11・12
≫ 20・21ページ

[材料と用具]

糸／11　並太タイプのストレートヤーンのレインボーカラーをプルオーバーに70g、マフラーに150g
糸／12　オリムパス　メイクメイクソックス ドゥ（25g巻…並太タイプ）の106（黄色・ピンク・グリーン系ミックス）を45g（２玉）
針／11・12共通　プルオーバー　５号・３号２本棒針
11マフラー　８号２本棒針

[ゲージ10cm四方]

11・12プルオーバー共通　A模様29目34段
メリヤス編み22目34段
11マフラー　B模様36目26段

[でき上がり寸法]

11・12プルオーバー共通　胴回り30cm　後ろたけ22.5cm
11マフラー　幅11cm　長さ133cm

●編み方要点は70ページにあります

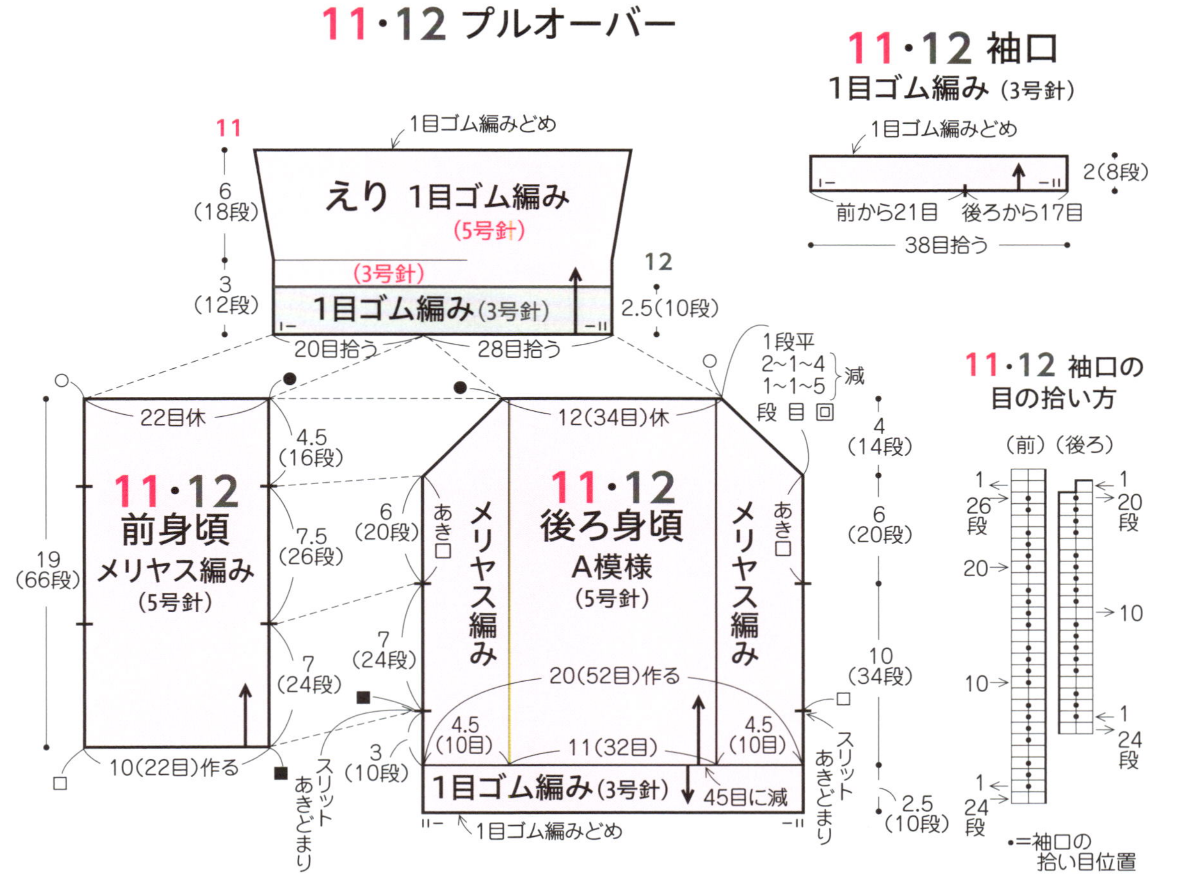

■文字の赤色は11、灰色は12、黒は共通です

[編み方要点]

プルオーバー

- 後ろ身頃は別糸の作り目をし、メリヤス編み・A模様であき口終わりまで増減なく編みます。スリットあきどまりとあき口に糸印をつけます。肩は目を減らし、編み終わりは休み目にします。裾は別糸をほどいて目を拾い、１目ゴム編みを編みます。編み終わりは１目ゴム編みどめにします。
- 前は一般的な作り目をしてメリヤス編みで増減なく編み、編み終わりは休み目にします。
- 合印（●・○）を合わせ、肩をすくいとじにします。
- 袖口は前後あき口から目を拾い、１目ゴム編みを往復編みで編んで1目ゴム編みどめにします。
- えりは休み目から目を拾い袖口と同様に編みますが、11は針の号数をかえながら編みます。
- 合印（■・□）を合わせて脇と袖口下をすくいとじにします。
- えりはすくいとじをしますが、11のえりは途中で編み地を返して裏からすくいとじにします。

11 マフラー

- 一般的な作り目をしてB模様で増減なく編み、編み終わりは伏せどめます。

11・12 後ろ身頃の編み方図

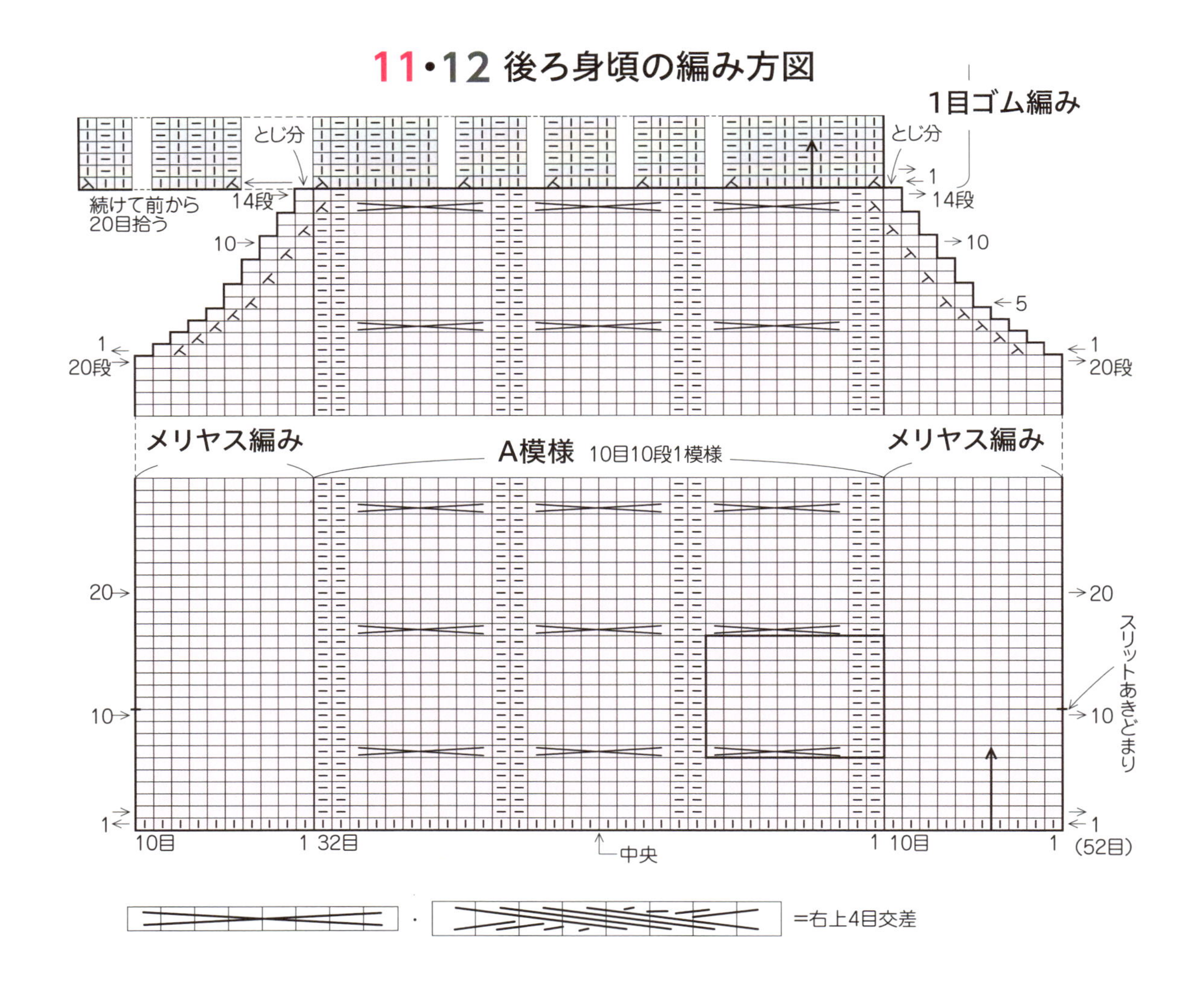

■文字の赤色は11、灰色は12、黒は共通です

11・12 後ろ裾の拾い方

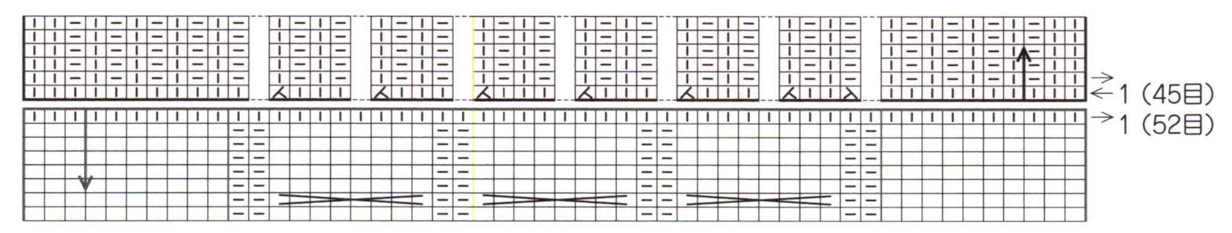

※拾い目は裾と身頃で半目ずれる

11・12 まとめ

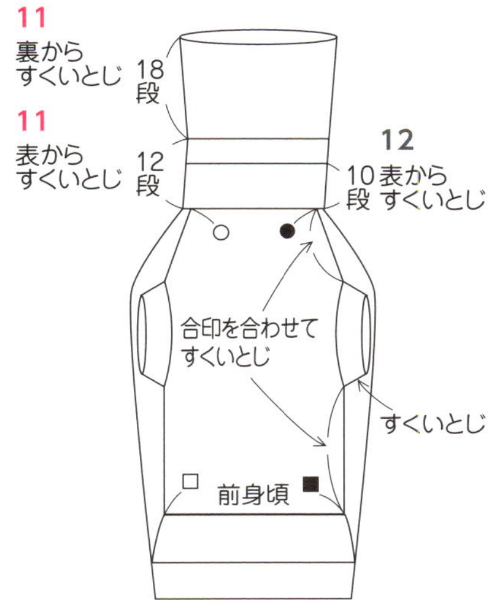

記号の編み方は
「編み目記号と基礎」
を参照してください

□・|＝表目

—＝裏目

＝右上2目一度

＝左上2目一度

●＝伏せ目

11 マフラー

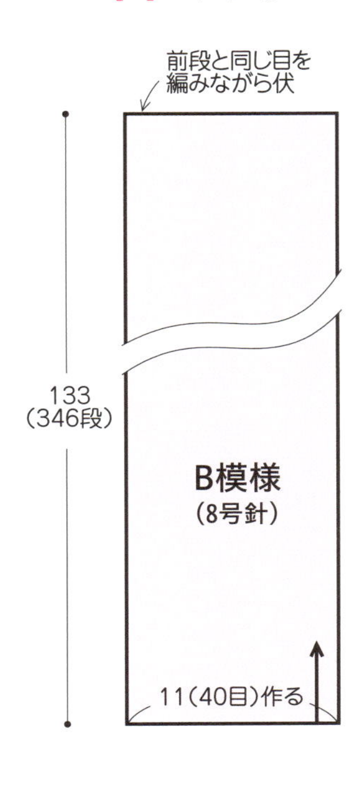

11 マフラーの編み方図

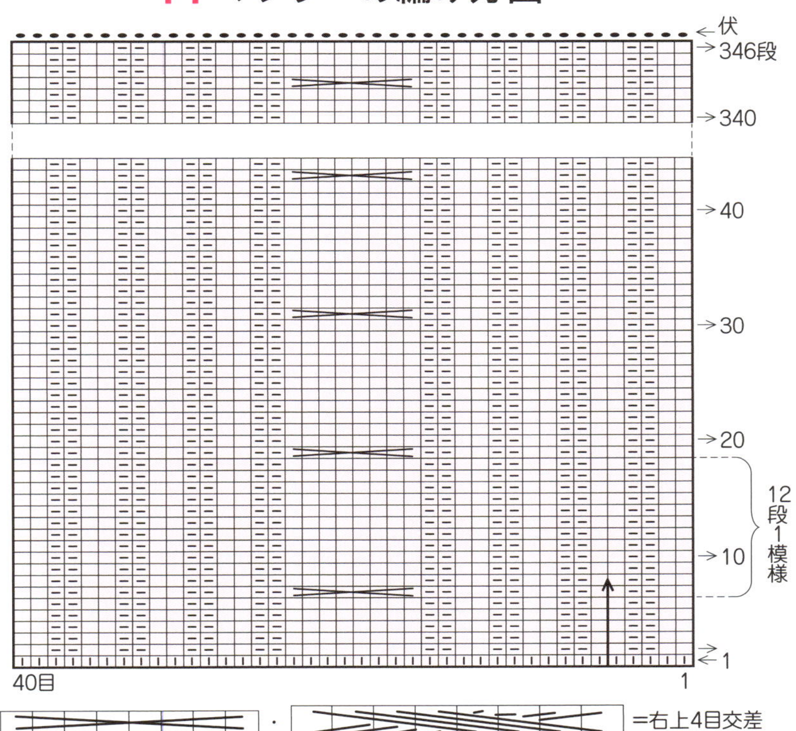

7

8

作品 no. 7・8

≫ 14・16ページ

[材料と用具]

糸／7　合太タイプのストレートヤーンをプルオーバー(コサージュ含む)にグレーを60g、白を5g　バッグにグレーを60g、白を50g

糸／8　並太タイプのストレートヤーンのピンク・ラベンダー色・青緑・若草色・からし色・れんが色をプルオーバーに各10g、ミニマフラーに各20g

針／7・8共通　7/0号かぎ針　5号2本棒針

付属品／7コサージュに長さ2cmのブローチピンを1個
バッグにワイヤー（細）を2.3m

[ゲージ]

7・8共通　模様編み・模様編み縞　1模様（8cm）7.5段（10cm）
7　モチーフ1枚6×6cm

[でき上がり寸法]

7・8共通　プルオーバー　胴回り37cm　後ろたけ25.5cm
7バッグ　口幅34cm　深さ26cm
8ミニマフラー　幅16cm　長さ97cm

7 バッグ

7 モチーフの配置図

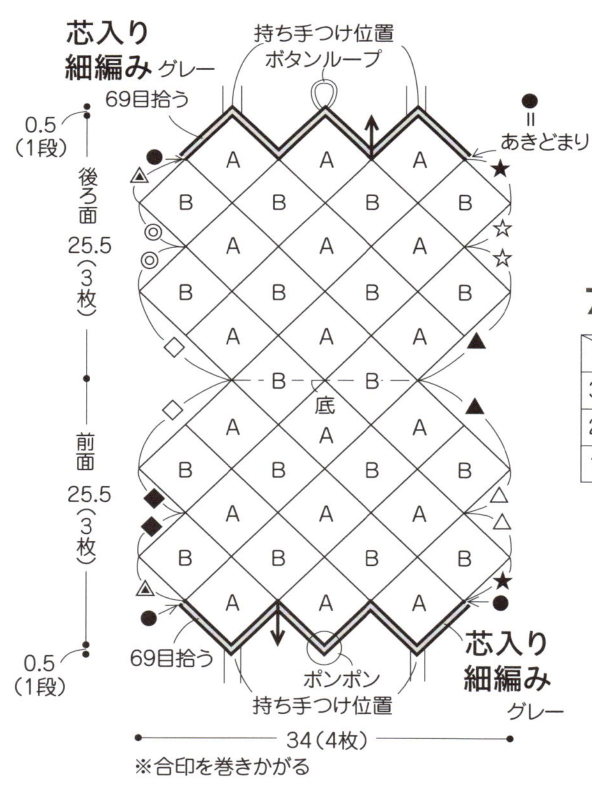

7 モチーフ　A・B各18枚

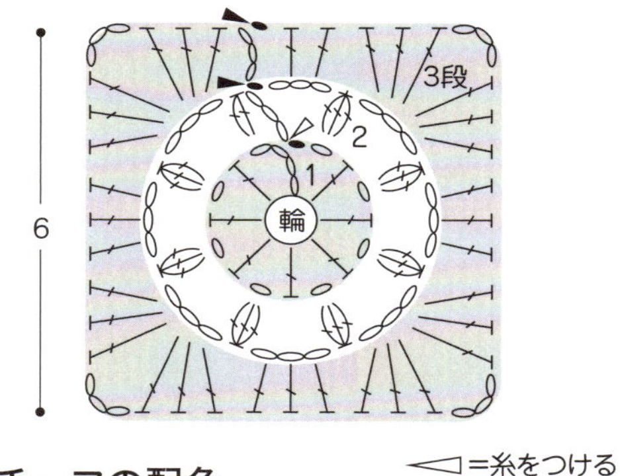

◁=糸をつける
◀=糸を切る

7 モチーフの配色

	A	B
3段め	グレー	白
2段め	白	グレー
1段め	グレー	白

まとめ

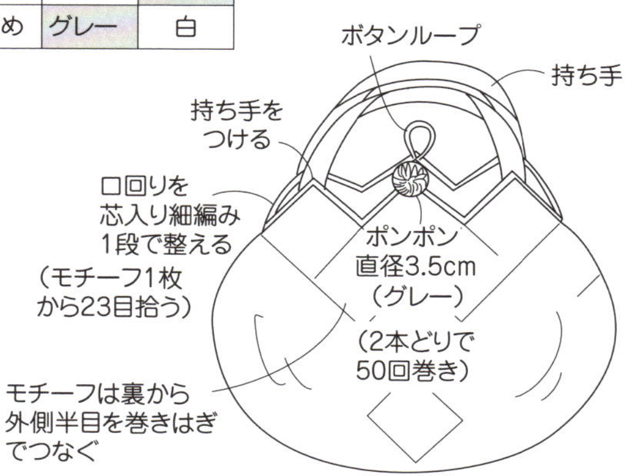

■文字の灰色は7、赤色は8、黒は共通です

[編み方要点]

★8は指定の配色縞で編みます。配色縞は糸を脇でたてに渡して編みます。

プルオーバー

- 後ろ身頃は鎖編みの作り目をし、7は模様編み、8は模様編み縞で編み、肩を減らしながら編みます。前は後ろと同じ要領で編みます。
- 合印（★・■）を中表に合わせ、肩と脇をそれぞれ巻きとじにします。
- えりはえりぐりから目を拾い、7は1目ゴム編み、8は1目ゴム編み縞で編みます。編み終わりは7を伏せどめ、8は1目ゴム編みどめにします。
- 残っている片方の合印（☆・□）を中表に合わせ、肩と脇をそれぞれ巻きとじにします。
- えりはすくいとじにします。7のえりは表に折り返る分を裏からすくいとじにし、縁編みを編みます。
- 裾は作り目から目を拾い、細編みで整えます。
- 7はコサージュを編み、裏にブローチピンを縫いつけます。8はポンポンを作ってとめつけます。

7 バッグ

- A・Bモチーフは糸輪の作り目をし、配色で指定枚数を編みます。配置図を参照して並べ、裏から外側半目を巻きはぎで合わせます。
- 入れ口に芯入り細編みを編みます。持ち手は鎖編みの作り目をして芯入り細編みで編んで指定位置に縫いつけます。
- 入れ口の後ろ面にボタンループ、前面にはポンポンを作ってとめつけます。

8 ミニマフラー

- 鎖編みの作り目をして模様編み縞で増減なく編みます。編み終わりと編み始め側は細編みで整え、ポンポンを作ってとめつけます。

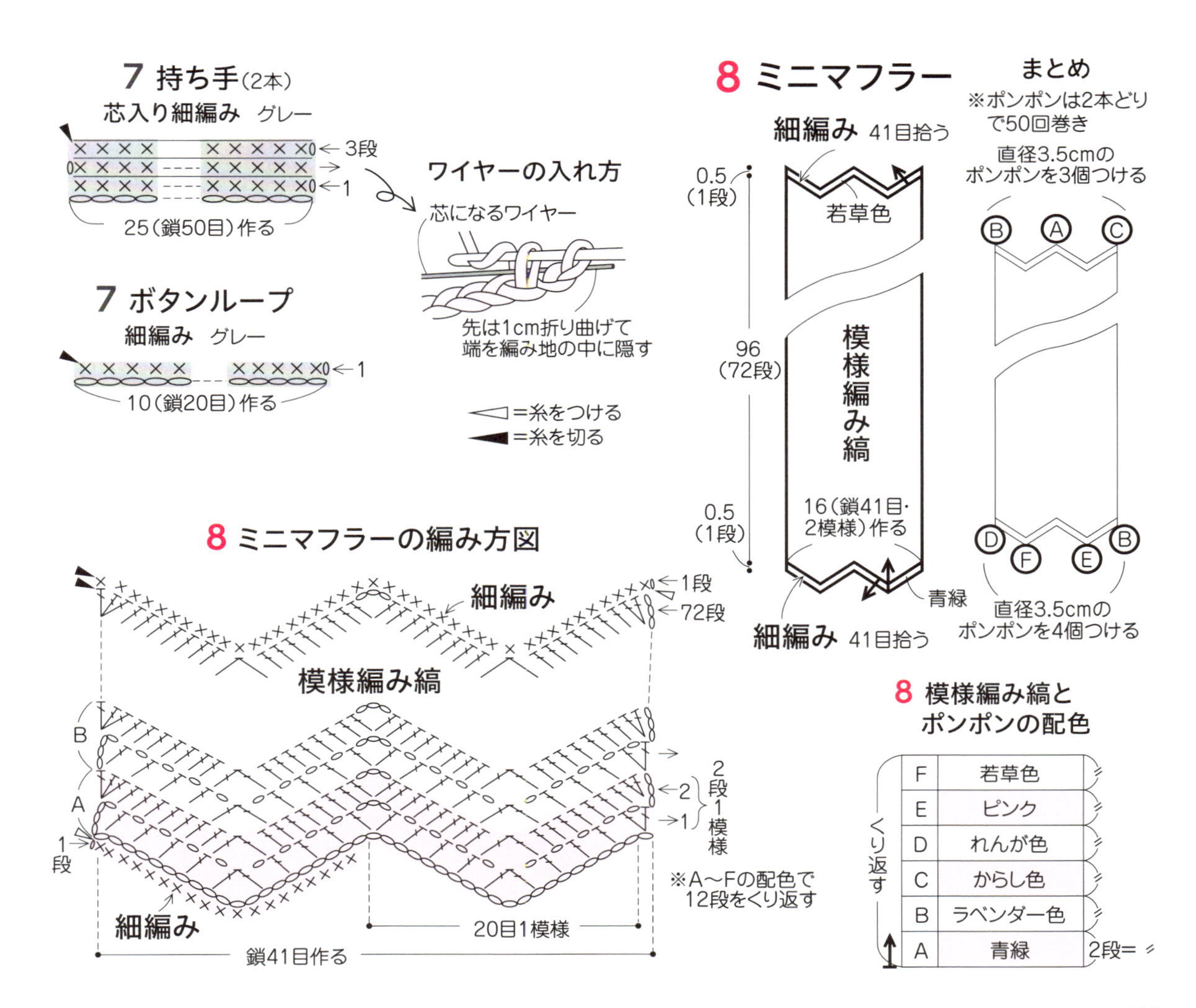

F	若草色
E	ピンク
D	れんが色
C	からし色
B	ラベンダー色
A	青緑

7・8 プルオーバー

7 模様編み 8 模様編み縞

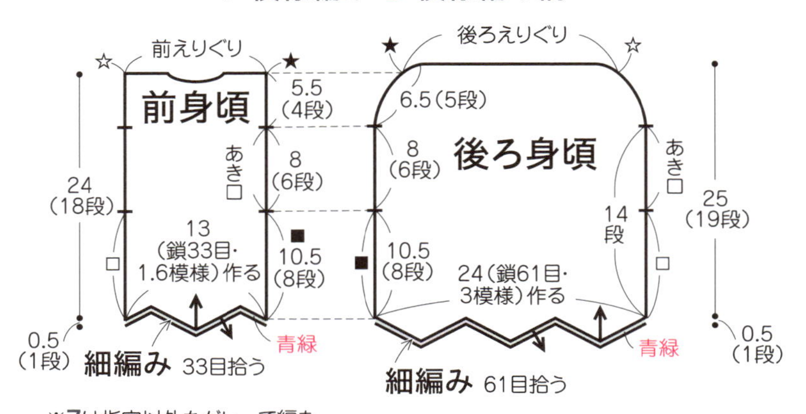

※7は指定以外をグレーで編む

7 えり

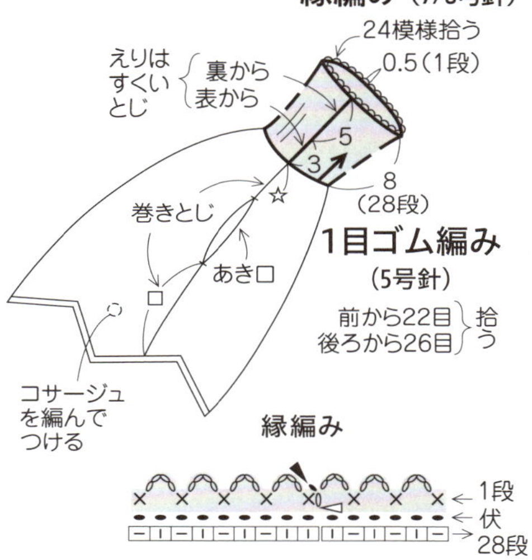

◁ =糸をつける
◀ =糸を切る

8 えり

ピンク 6段
若草色 6段
1目ゴム編みどめ
れんが色 5段
えりはすくいとじ
模様編み縞
巻きとじ
5 (17段)
あき□
1目ゴム編み縞
(5号針)
前から22目
後ろから26目
拾う
れんが色
青緑
若草色
後ろ裾に直径3.5cmのポンポンを3個つける
(2本どりで50回巻き)

7 コサージュ

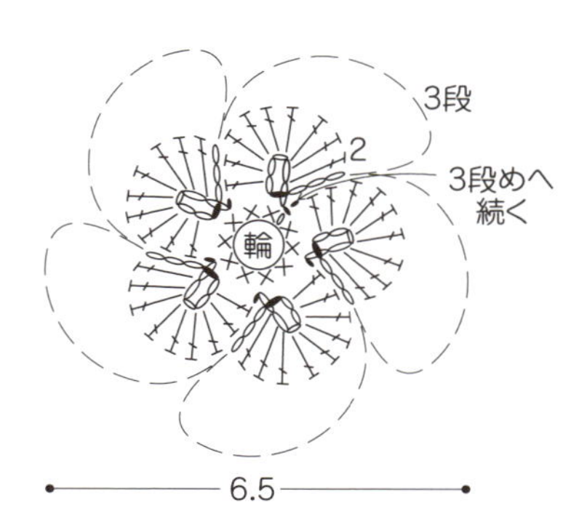

1段め (グレー)

● 輪の中に細編み10目編み入れ、引き抜く

2段め (白)

● 鎖5目を編んで、1目めに引き抜く。引き抜いたループの中に鎖3目で立ち上がり、長編み9目を編み入れる。1段めの細編みに引き抜く。同様に5枚の花びらを編む

3段め (白)

● 2段めの引き抜き編みに続けてループを編み、2段めと同様に花びらを編んで2段めの引き抜き編みに引き抜く。同様に5枚の花びらを編む

記号の編み方は「編み目記号と基礎」を参照してください

- ○ =鎖編み
- × =細編み
- =長編み
- =長々編み
- • =引き抜き編み
- =長編み3目の玉編み
- =長編み2目・3目一度
- =長編み2目・3目 (増し目)
- | =表目
- — =裏目
- ○ =かけ目
- =ねじり目
- ● =伏せ目

7・8 後ろ、前身頃の編み方図

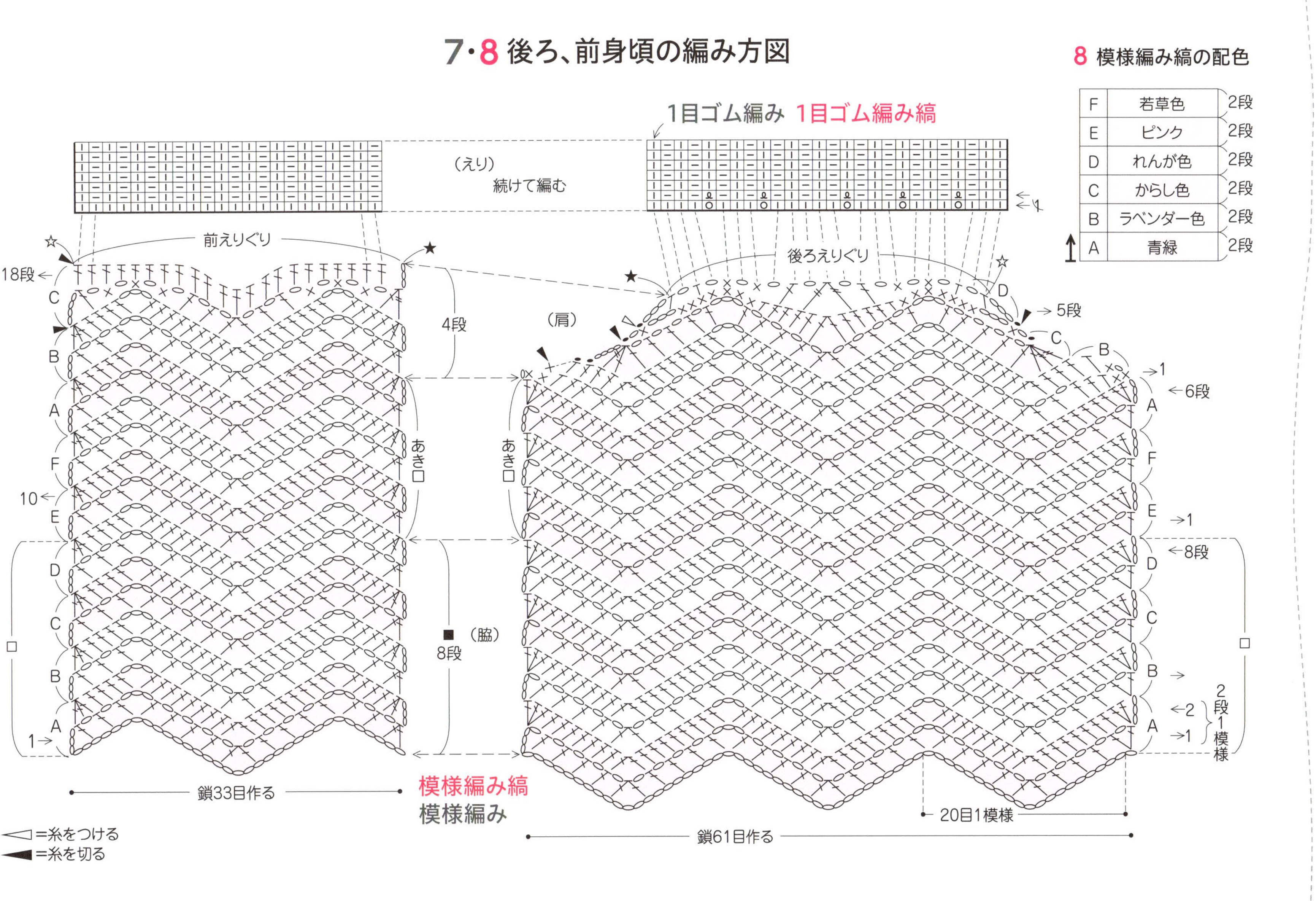

9

10

作品 no. **9・10**

》18・19ページ

［材料と用具］

糸／9　スキー毛糸　スキーフローレン（40g巻・約77m…並太タイプ）をプルオーバーに2944（チャコール）を60g（2玉）、2938（カラシ色）を50g（２玉）　バッグに2944（チャコール）を60g（２玉）、2938（カラシ色）を40g（1玉）

糸／10　合太タイプのツイードヤーン（50g巻・約150m）の紫を85g

針／9　プルオーバー　７号・６号２本・６号４本棒針　5/0号かぎ針
　　　バッグ　７号４本・６号２本棒針
　　10　７号・６号２本・６号４本棒針

付属品／9に裏布を２９×51㎝

［ゲージ10㎝四方］

9・10共通　模様編み縞・模様編み23目24段
　　　　　メリヤス編み縞・メリヤス編み18目24段

［でき上がり寸法］

9・10共通プルオーバー　胴回り44.5㎝　後ろたけ30.5㎝
9バッグ　口幅24.5㎝　深さ25.5㎝

9・10 プルオーバー

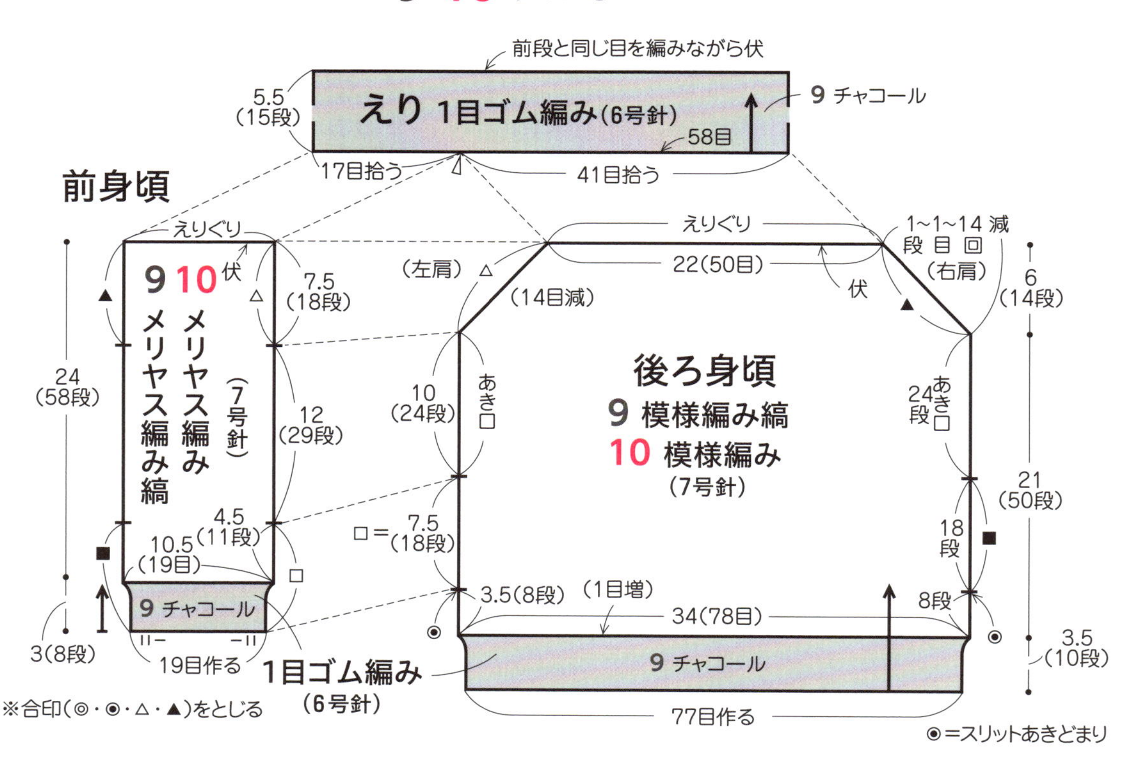

●作品9・10プルオーバーの編み方図は78ページ、
作品9バッグの編み方図は79ページにあります

■文字の灰色は9、赤色は10、黒は共通です

[編み方要点]

プルオーバー

- 後ろ身頃は一般的な作り目をし、１目ゴム編みと９は模様編み縞、10は模様編みで編みます。模様編み縞は糸を脇でたてに渡して編みます。肩を減らし、えりぐりを伏せどめます。
- 前は後ろと同じ作り目をし、９はメリヤス編み縞、10はメリヤス編みで増減なく編んで伏せどめます。
- 後ろ、前の合印（△・▲・□・■）を合わせ、あき口を残してそれぞれすくいとじにします。
- えりと袖口は１目ゴム編みをそれぞれ輪に編み、編み終わりは伏せどめにします。
- ポンポンを作り、９は飾りひもにポンポンをつけてそれぞれ指定位置につけます。

９ バッグ

- 本体は一般的な作り目をし、輪にしてメリヤス編み縞・模様編み縞を増減なく編みます。続けて１目ゴム編みで入れ口を編み、編み終わりは伏せどめます。
- 本体を裏返し、底を２枚合わせて引き抜きはぎにします。図を参照してまちを作ります。
- 持ち手は本体と同じ作り目をし、1目ゴム編みを編んで伏せどめます。２枚編んで指定位置に縫いつけます。
- 裏布を縫い、入れ口から1.5cm下がった位置にまつりつけます。

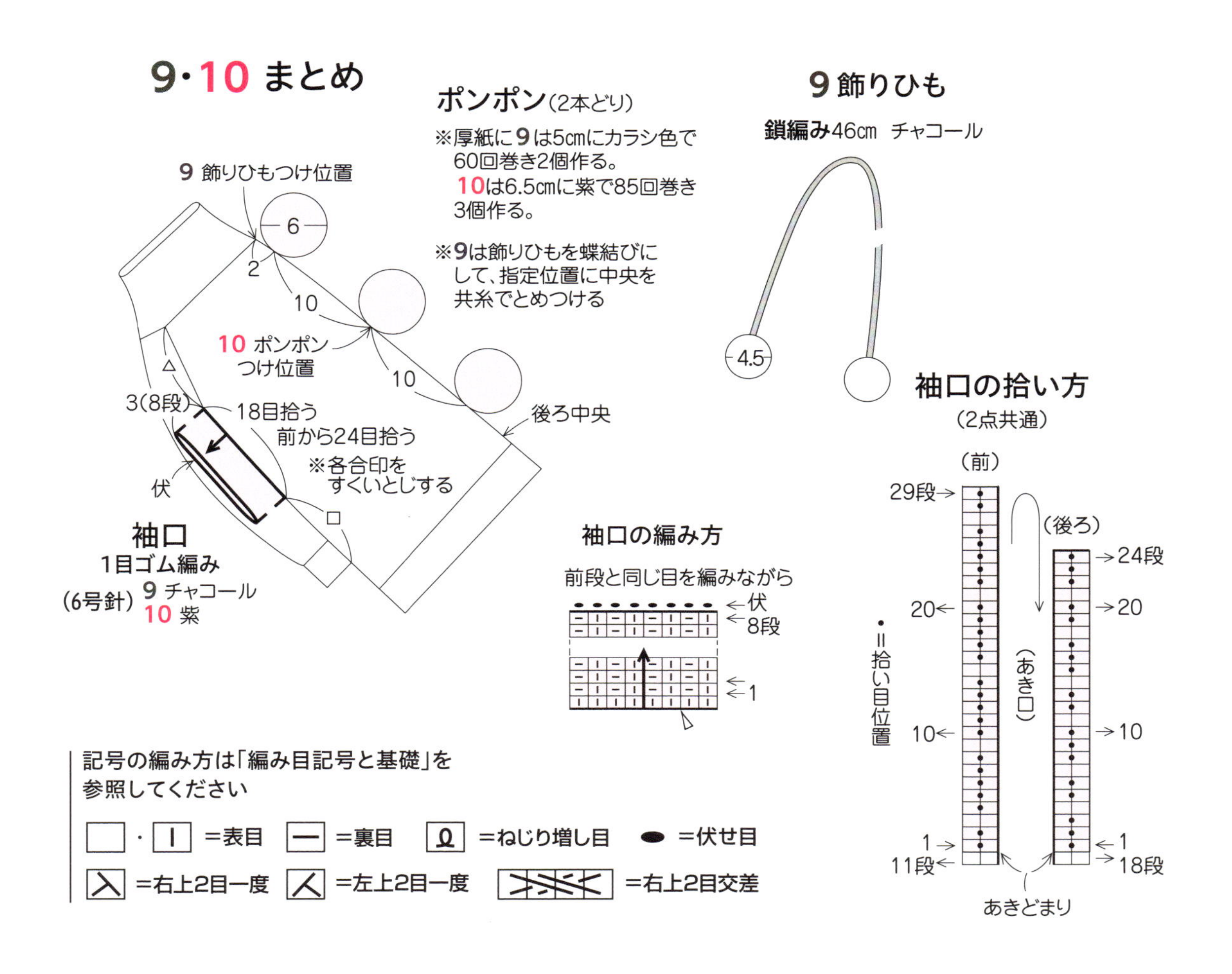

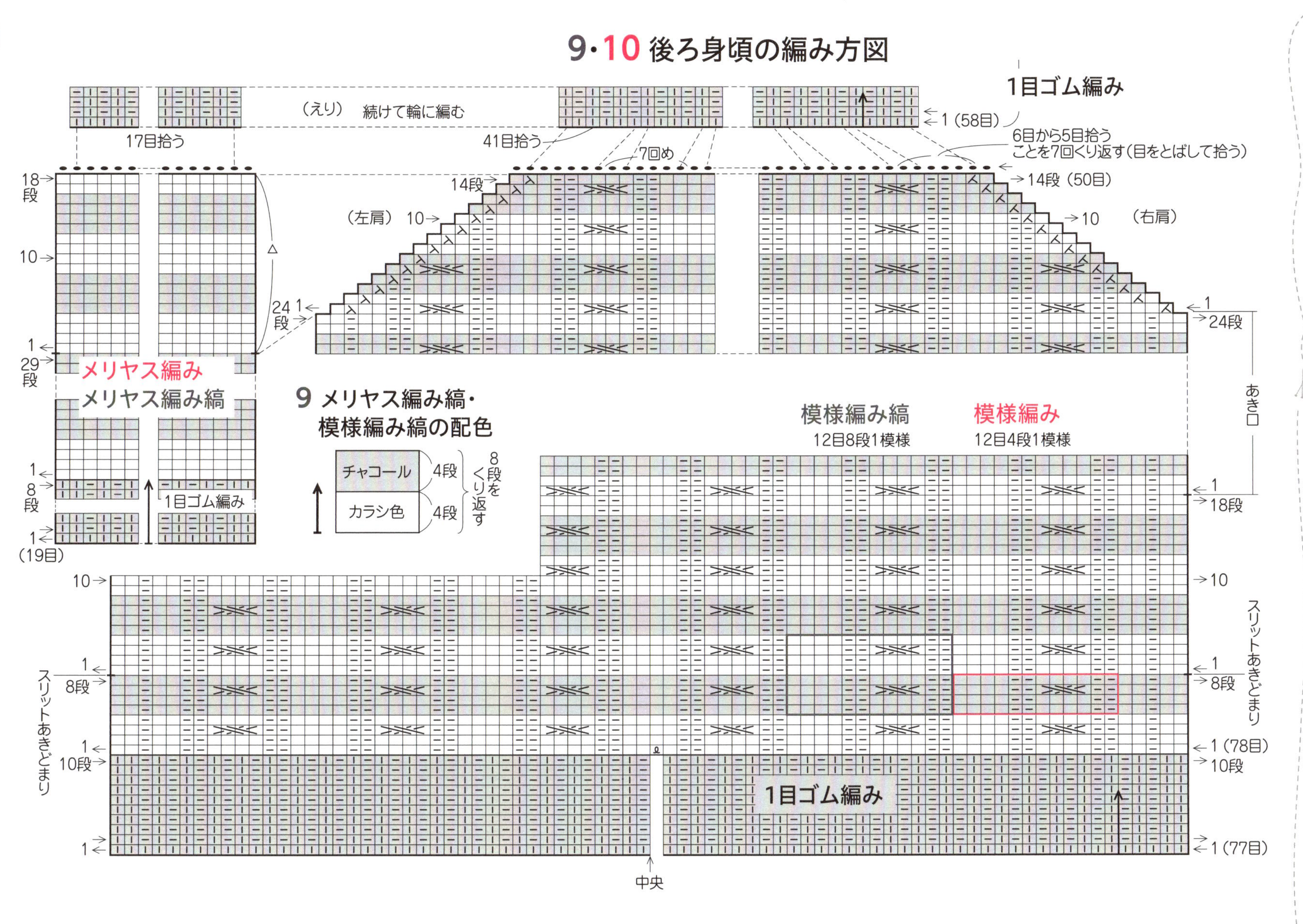

9・10 後ろ身頃の編み方図
1目ゴム編み
（えり）　続けて輪に編む
17目拾う
41目拾う
7回め
1（58目）
6目から5目拾う
ことを7回くり返す（目をとばして拾う）
14段
14段（50目）
（左肩）
10
10
（右肩）
24段
1
24段
18段
10
1
29段
メリヤス編み
メリヤス編み縞
9 メリヤス編み縞・
模様編み縞の配色
チャコール
カラシ色
4段
4段
8段をくり返す
1
8段
1目ゴム編み
1
（19目）
模様編み縞
12目8段1模様
模様編み
12目4段1模様
あき口
1
18段
10
10
スリットあきどまり
1
8段
1
8段
1
10段
1（78目）
10段
1目ゴム編み
1
1（77目）
中央

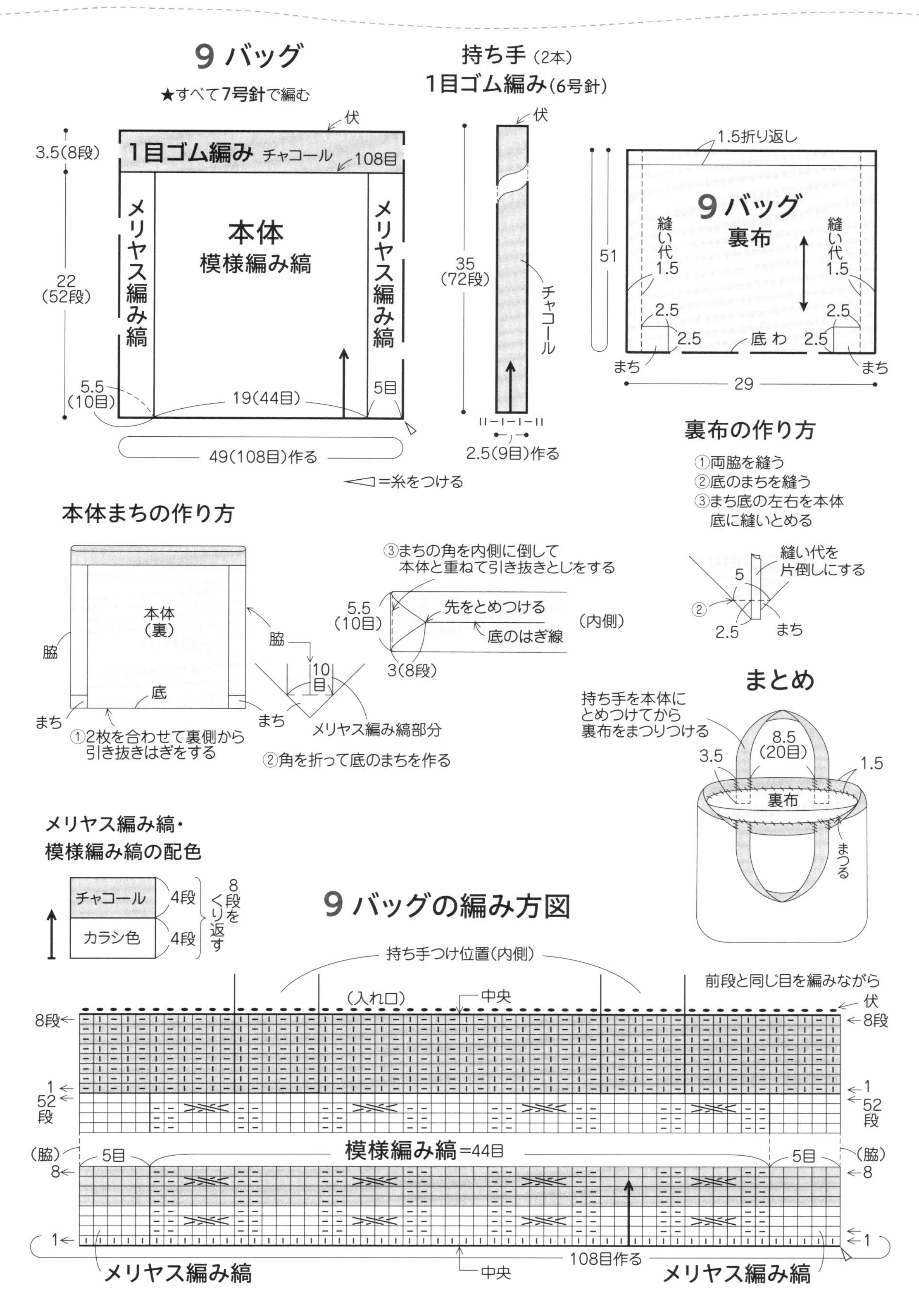

9 バッグ
★すべて7号針で編む
伏
3.5(8段)
1目ゴム編み チャコール
108目
メリヤス編み縞
本体
模様編み縞
メリヤス編み縞
22
(52段)
5.5
(10目)
19(44目)
5目
49(108目)作る
持ち手(2本)
1目ゴム編み(6号針)
伏
35
(72段)
チャコール
2.5(9目)作る
=糸をつける
1.5折り返し
9 バッグ
裏布
縫い代
1.5
51
2.5
2.5
底 わ
2.5
まち
29
裏布の作り方
①両脇を縫う
②底のまちを縫う
③まち底の左右を本体底に縫いとめる
縫い代を片倒しにする
5
2.5
まち
本体まちの作り方
本体
(裏)
脇
底
まち
①2枚を合わせて裏側から引き抜きはぎをする
10目
メリヤス編み縞部分
②角を折って底のまちを作る
③まちの角を内側に倒して本体と重ねて引き抜きとじをする
5.5
(10目)
先をとめつける
(内側)
底のはぎ線
3(8段)
まとめ
持ち手を本体にとめつけてから裏布をまつりつける
8.5
(20目)
3.5
1.5
裏布
まつる
メリヤス編み縞・
模様編み縞の配色
チャコール
4段
カラシ色
4段
8段をくり返す
9 バッグの編み方図
持ち手つけ位置(内側)
(入れ口)
中央
前段と同じ目を編みながら
伏
8段
1
52段
模様編み縞=44目
(脇)
5目
8
1
108目作る
中央
メリヤス編み縞

13

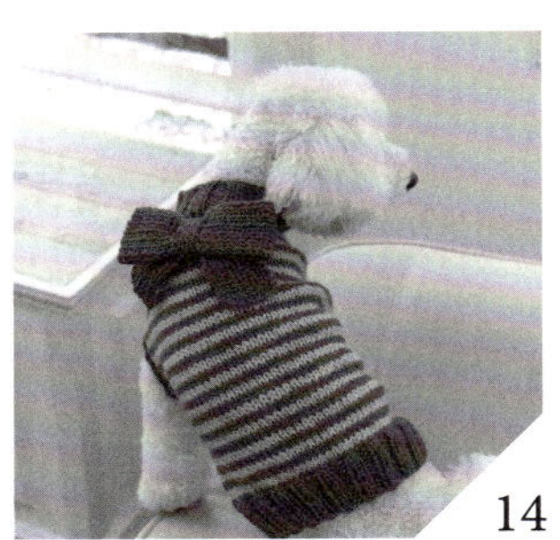
14

作品 no. 13・14

» 22ページ

[材料と用具]

糸／13　スキー毛糸　スキーフローレン（40g巻・約77m…並太タイプ）の2950（森緑）を80g（2玉）、2947（竹色）を20g（1玉）

糸／14　スキー毛糸　スキーフローレン（40g巻・約77m…並太タイプ）の2943（青紫）を65g（２玉）、2932（ライトグレー）を25g（１玉）

針／13・14共通　７号・６号２本・６号４本棒針

付属品／14に長さ３㎝のブローチピンを１個

[ゲージ10㎝四方]

13・14共通　メリヤス編み縞・メリヤス編み18目24段

[でき上がり寸法]

13・14共通　胴回り40㎝　後ろたけ31.5㎝

14フード　深さ21㎝

[編み方要点]

●後ろ身頃は一般的な作り目をし、13は２目ゴム編み縞、14は2目ゴム編みを編みます。メリヤス編み縞にかえて編みますが、糸を脇でたてに渡

13・14 プルオーバー

●プルオーバーの編み方図は82・83ページにあります

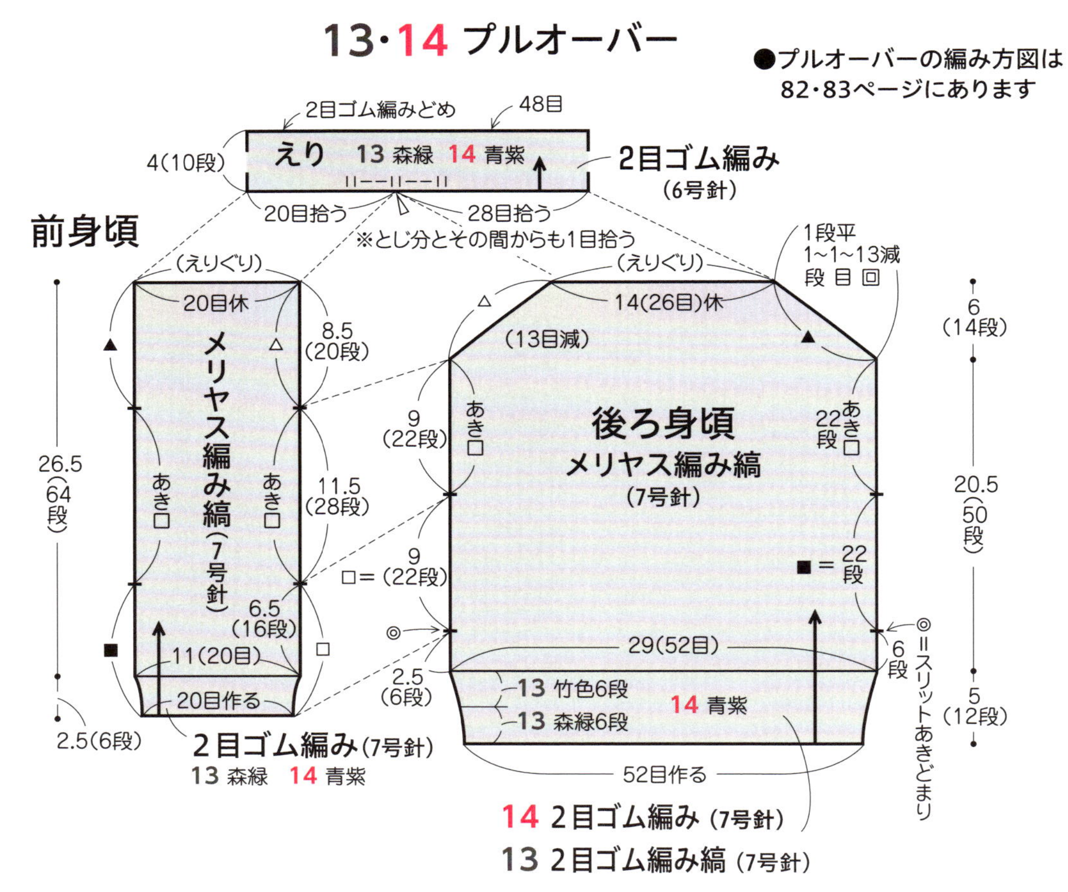

■文字の灰色は13、赤色は14、黒は共通です

して編みます。スリットあきどまりとあき口に糸印をつけます。肩を減らし、えりぐりを休み目にします。
- 前は後ろと同じ作り目をし、2目ゴム編みとメリヤス編み縞で増減なく編んで休み目にします。
- 後ろ、前の合印（△・▲・□・■）を合わせ、あき口を残してそれぞれすくいとじにします。
- えりと袖口は2目ゴム編みをそれぞれ輪に編みます。編み終わりはえりを輪の2目ゴム編みどめ、袖口を伏せどめにします。
- **13**はフードを編みます。一般的な作り目をしてメリヤス編みで編みます。指定位置で増し目と減らし目をして編み、最終段を目通しはぎで合わせます。顔回りを2目ゴム編みで編んで伏せどめます。身頃の最終段にフードの作り目位置を目と段のはぎ、メリヤスはぎでつけます。
- **14**のリボンは一般的な作り目をし、1目ゴム編みで編んで伏せどめます。図を参照してまとめます。

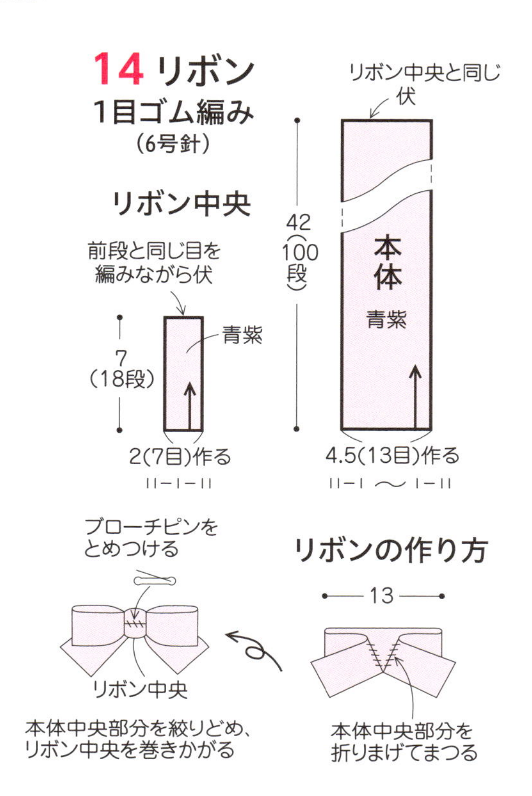

13・14 まとめ

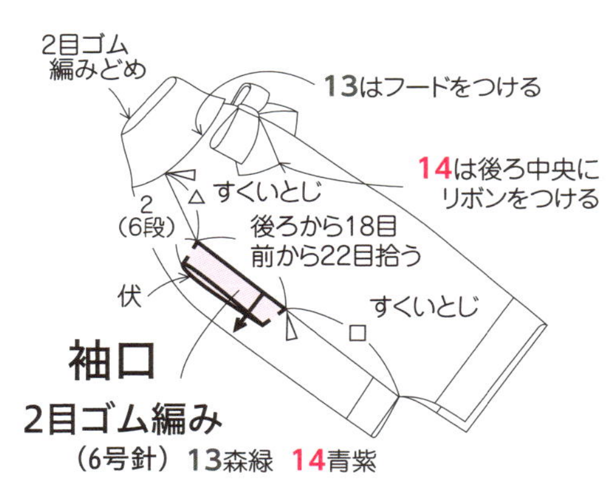

袖口の目の拾い方

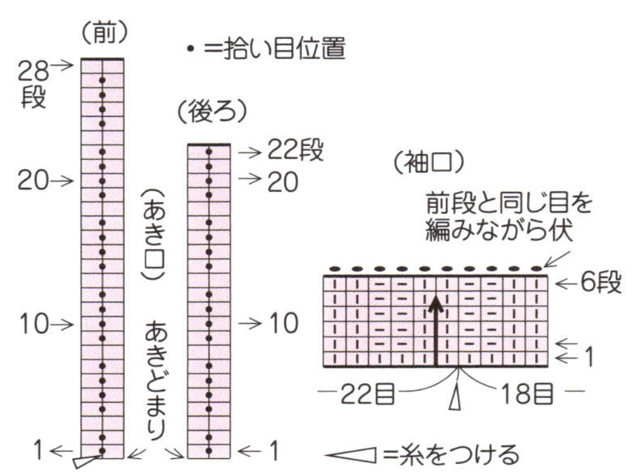

輪の2目ゴム編みどめ

❶

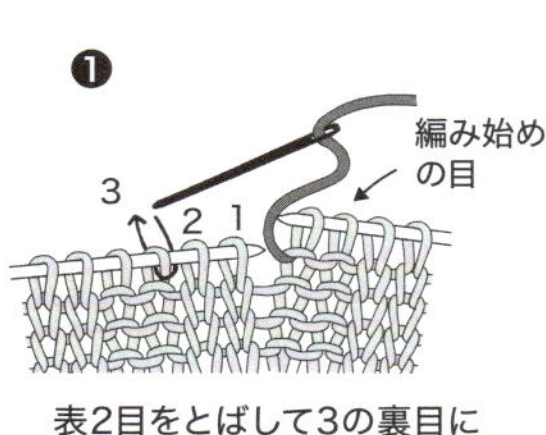

表2目をとばして3の裏目に矢印のように針を出す

❷

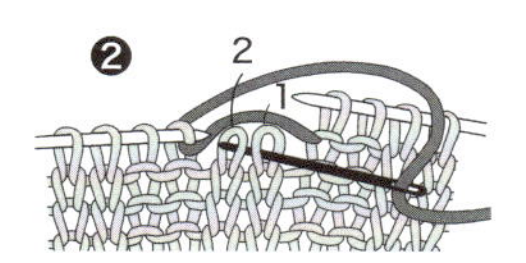

編み始めの1と2の2目に針を入れる

❸

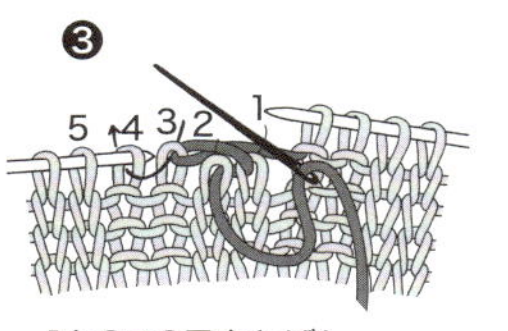

1と2の2目をとばし、3と4の目の裏目に矢印のように針を入れる

❹

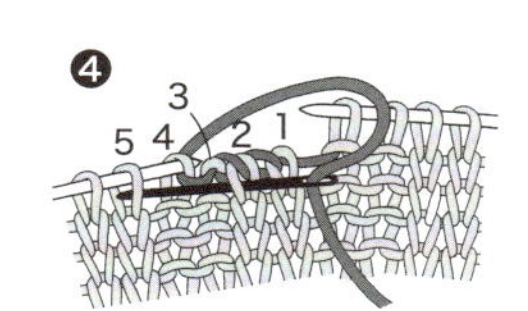

3と4の2目をとばし、2と5の目の表目に針を入れる。4の目に向こう側から針を入れ、2目とばした裏目に手前から針を入れる。❷〜❹をくり返す

❺

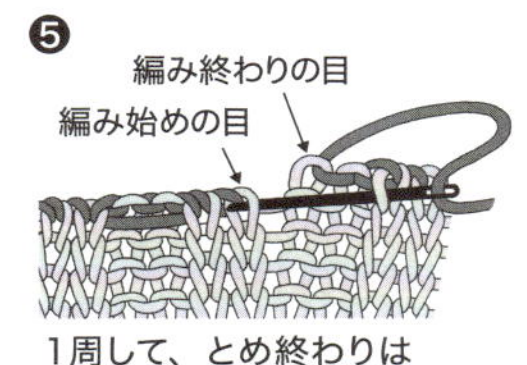

1周して、とめ終わりは最初の表目に入れる

❻

編み終わりの目に向こう側から手前に針を入れて、とめ終わる

13・14 後ろ、前身頃の編み方図

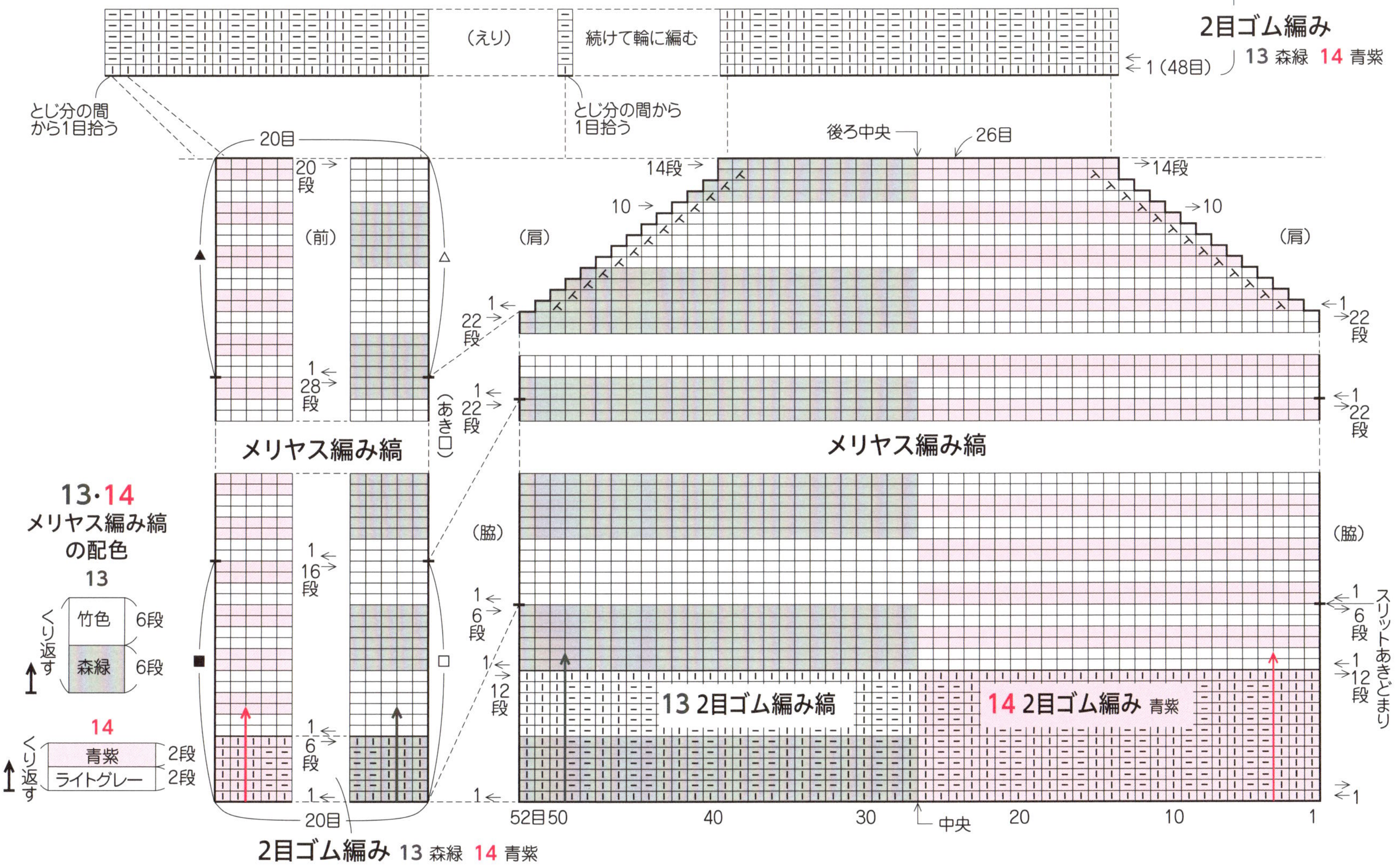

■文字の灰色は13、赤色は14、黒は共通です

13 フード

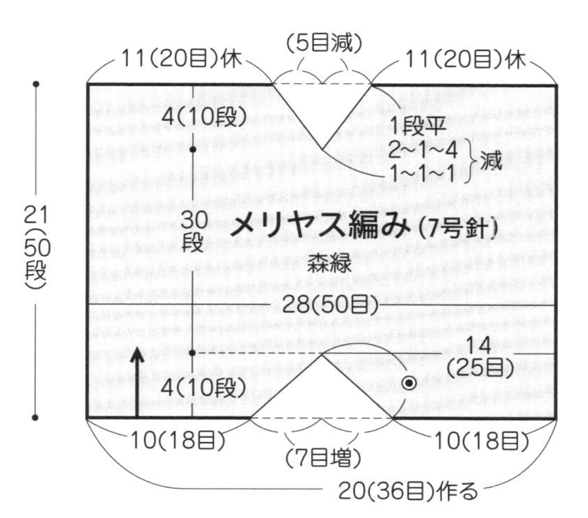

記号の編み方は「編み目記号と基礎」を参照してください

□・|＝表目　—＝裏目

＝右上2目一度　＝左上2目一度

＝右増し目　＝左増し目

●＝伏せ目

◉＝{2~1~1 / 1~1~4 / 2~1~2}増
段 目 回

フードの編み方図

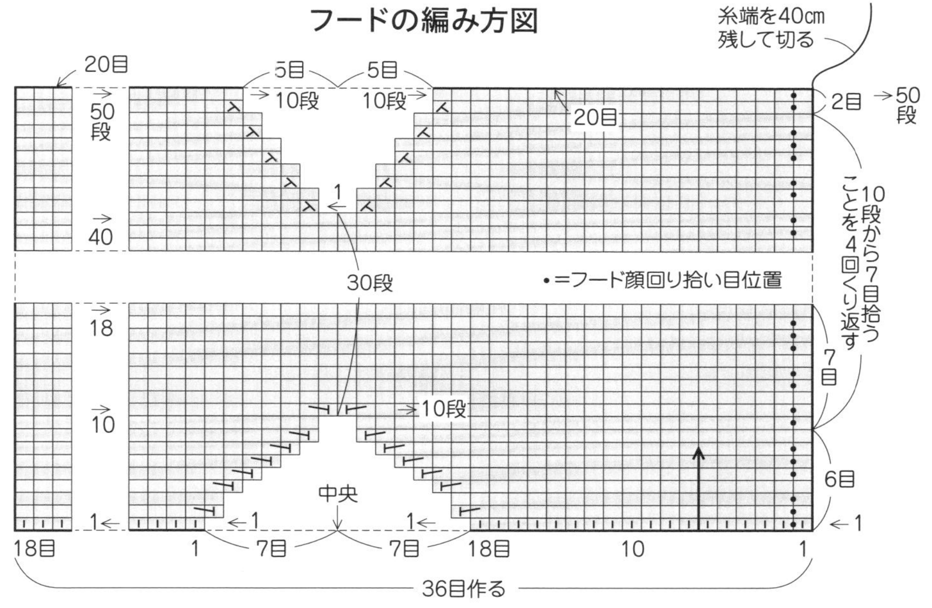

13 フード顔回り

2目ゴム編み(6号針) 森緑

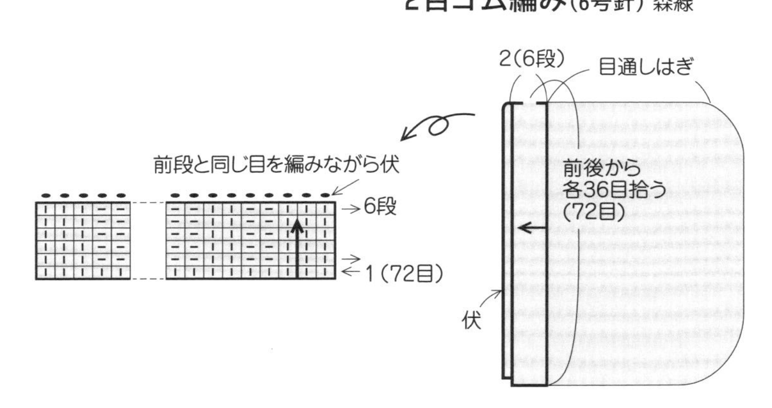

フードのつけ方

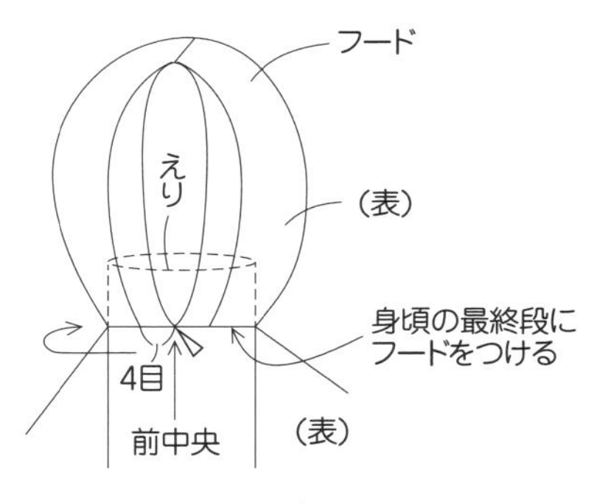

※前中央からの4目とゴム編みの6段を目と段のはぎ、あとは各1目ずつメリヤスはぎで左右対称にはぐ

15

17

16

作品 no. 15・16・17

» 24ページ

［ゲージ10cm四方］

15・16共通　メリヤス編み21目28段
17　かのこ編み縞・かのこ編み21目36段

［でき上がり寸法］

15　胴回り39cm　後ろたけ30.5cm
16　胴回り31cm　後ろたけ23.5cm
17　40×45cm

［材料と用具］

糸／15　オリムパス　メイクメイク トマト（25g巻・約65m…並太タイプ）のブルー・グリーン系段染め（207・廃色）を70g（３玉）
糸／16　オリムパス　メイクメイク トマト（25g巻・約65m…並太タイプ）のピンク・オレンジ系段染め（206・廃色）を50g（２玉）
糸／17　並太タイプのストレートヤーン（40g巻・約104m）のグリーンを50g、イエロー・水色・ピンク・ローズを各20g
針／15・16共通　８号・７号・５号２本棒針
　17　７号２本棒針

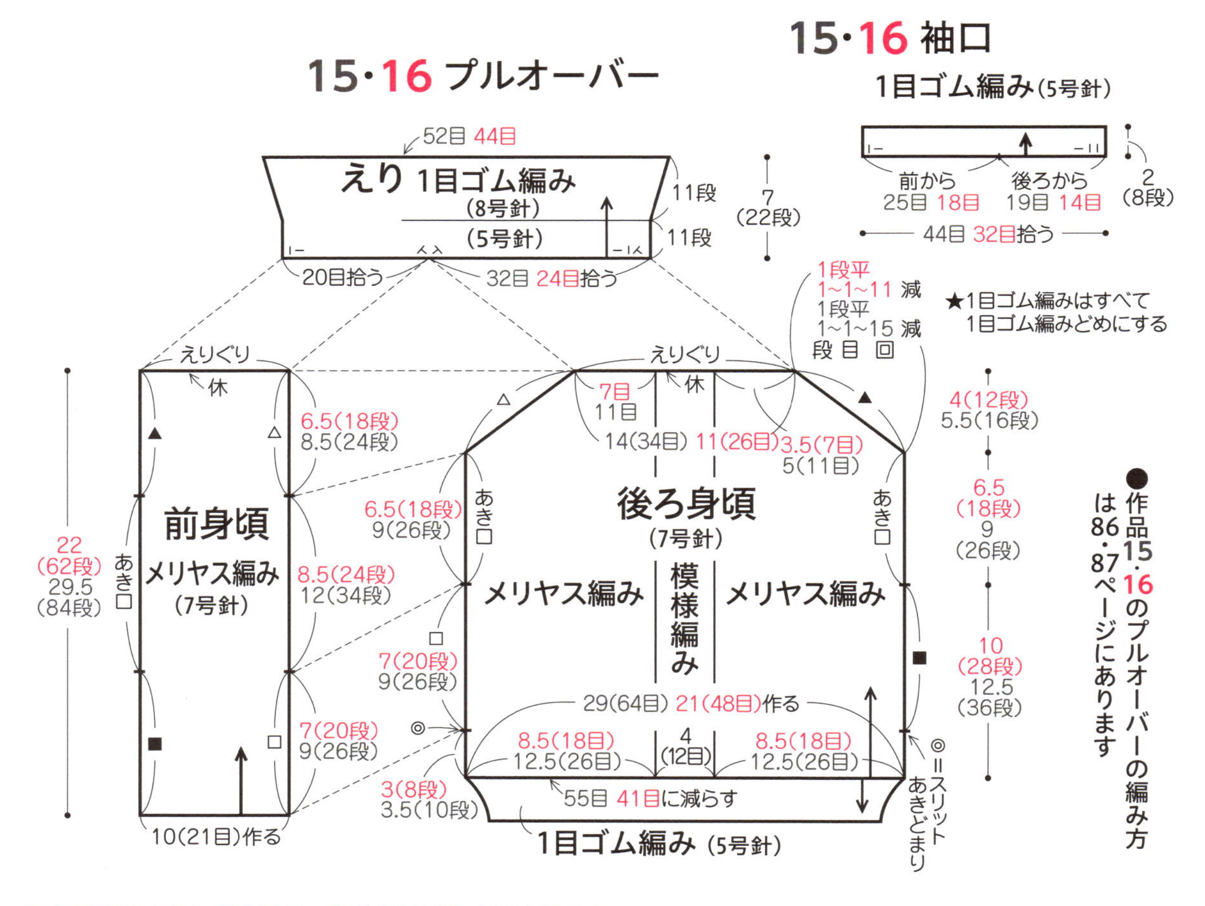

■文字の灰色は15、赤色は16、あずき色は17、黒は共通です

[編み方要点]

プルオーバー

★1目ゴム編みはすべて1目ゴム編みどめにします。

- 後ろ身頃は別糸の作り目をし、メリヤス編み・模様編みであき口まで増減なく編み、スリットあきどまりとあき口に糸印をつけます。肩を減らし、編み終わりはえりぐりを休み目にします。
- 前は一般的な作り目をし、メリヤス編みで増減なく編んで休み目にします。
- 後ろ、前肩の合印（△）を合わせてすくいとじにします。えりは休み目から目を拾い、1目ゴム編みで編みます。
- もう一方の肩（▲）からえりの編み終わりまでを続けてすくいとじで合わせますが、えりの10段めからは裏を見てとじます。
- 袖口は前後あき口から目を拾い、1目ゴム編みを編みます。
- 脇の合印（□・■）を合わせ、袖口の1目ゴム編みから裾に向かってすくいとじで合わせます。

17 ボーダーマット

- 一般的な作り目をしてかのこ編み縞で糸の色をかえながら編み、編み終わりは伏せどめます。糸をかえるときはその都度糸を切ります。
- 両脇からぞれぞれ目を拾い、かのこ編みを編んで伏せどめます。

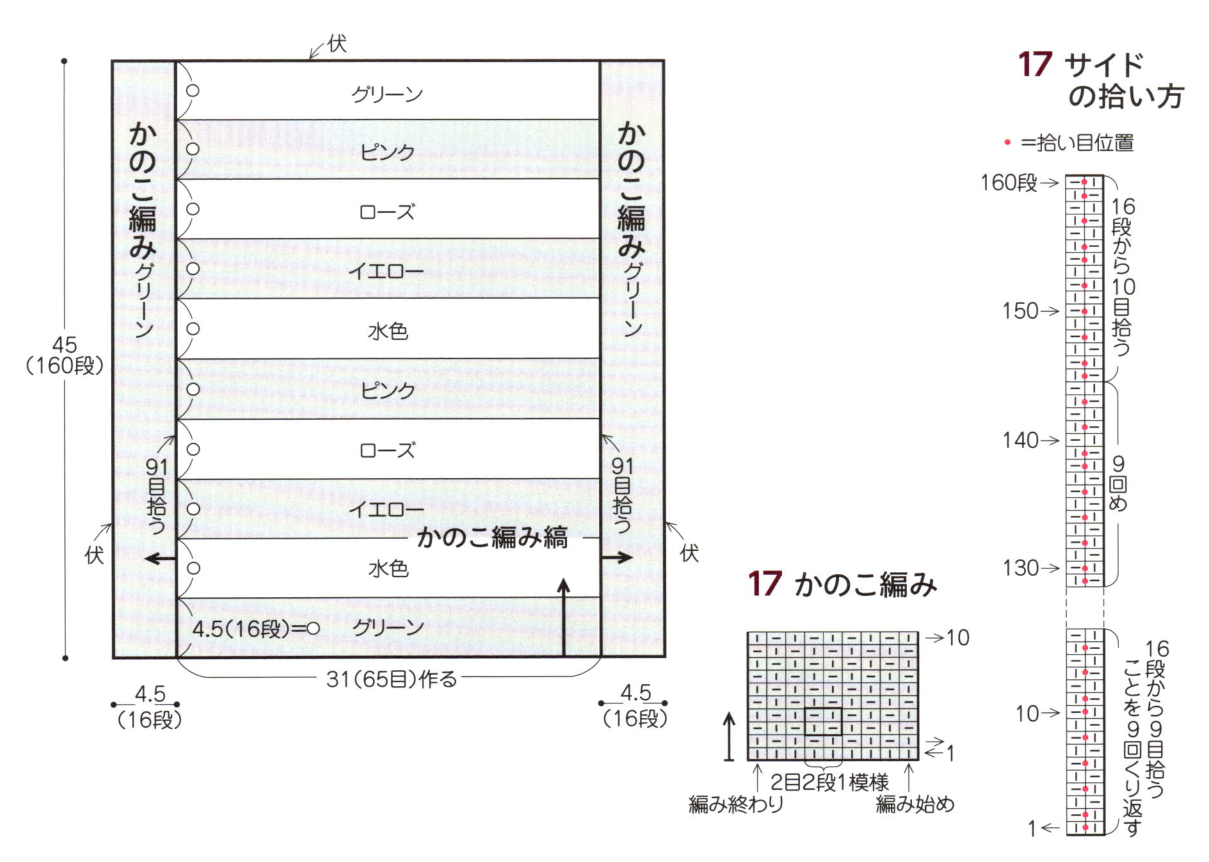

15・16 後ろ、前身頃の編み方図

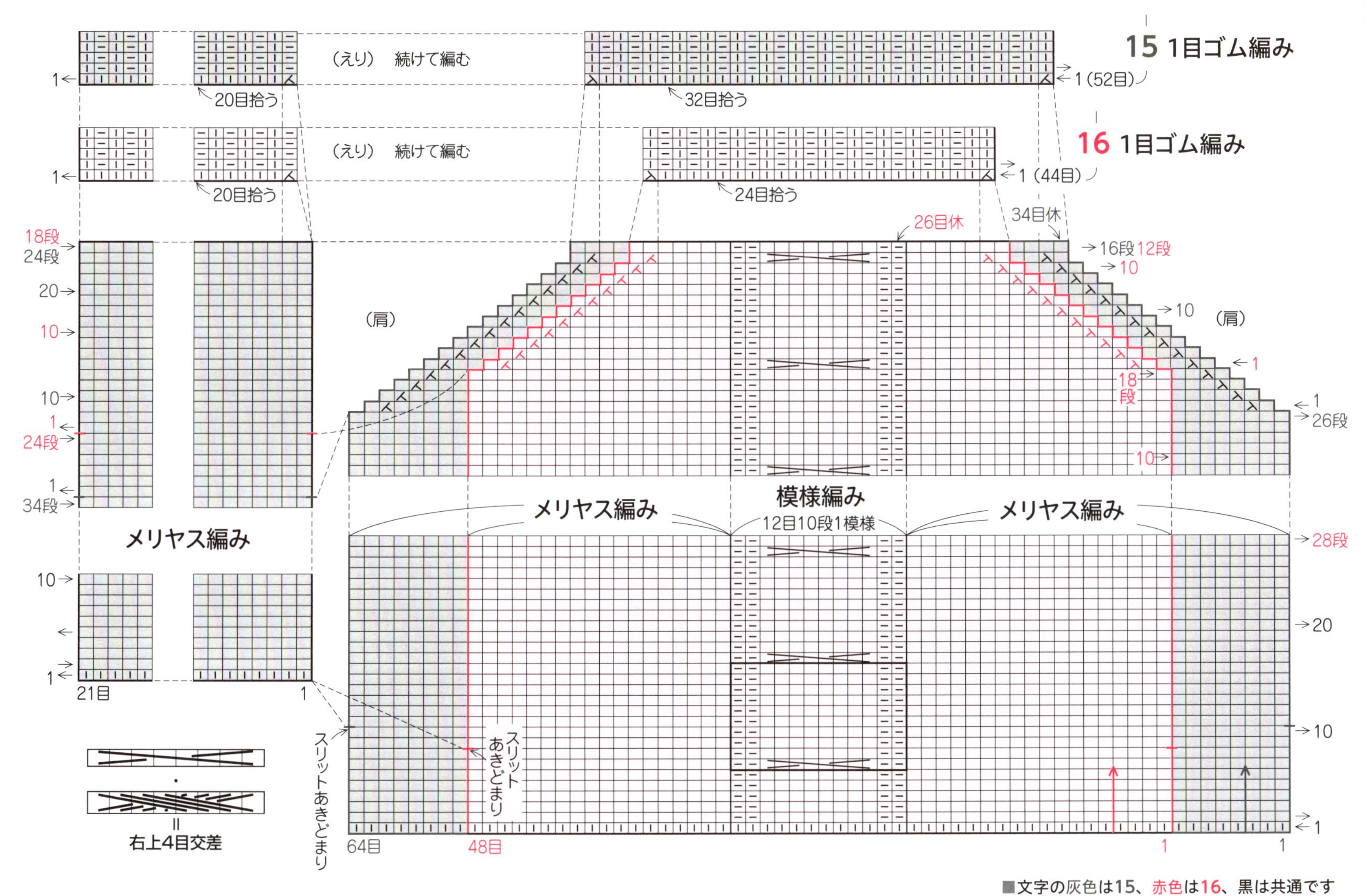

■文字の灰色は15、赤色は16、黒は共通です

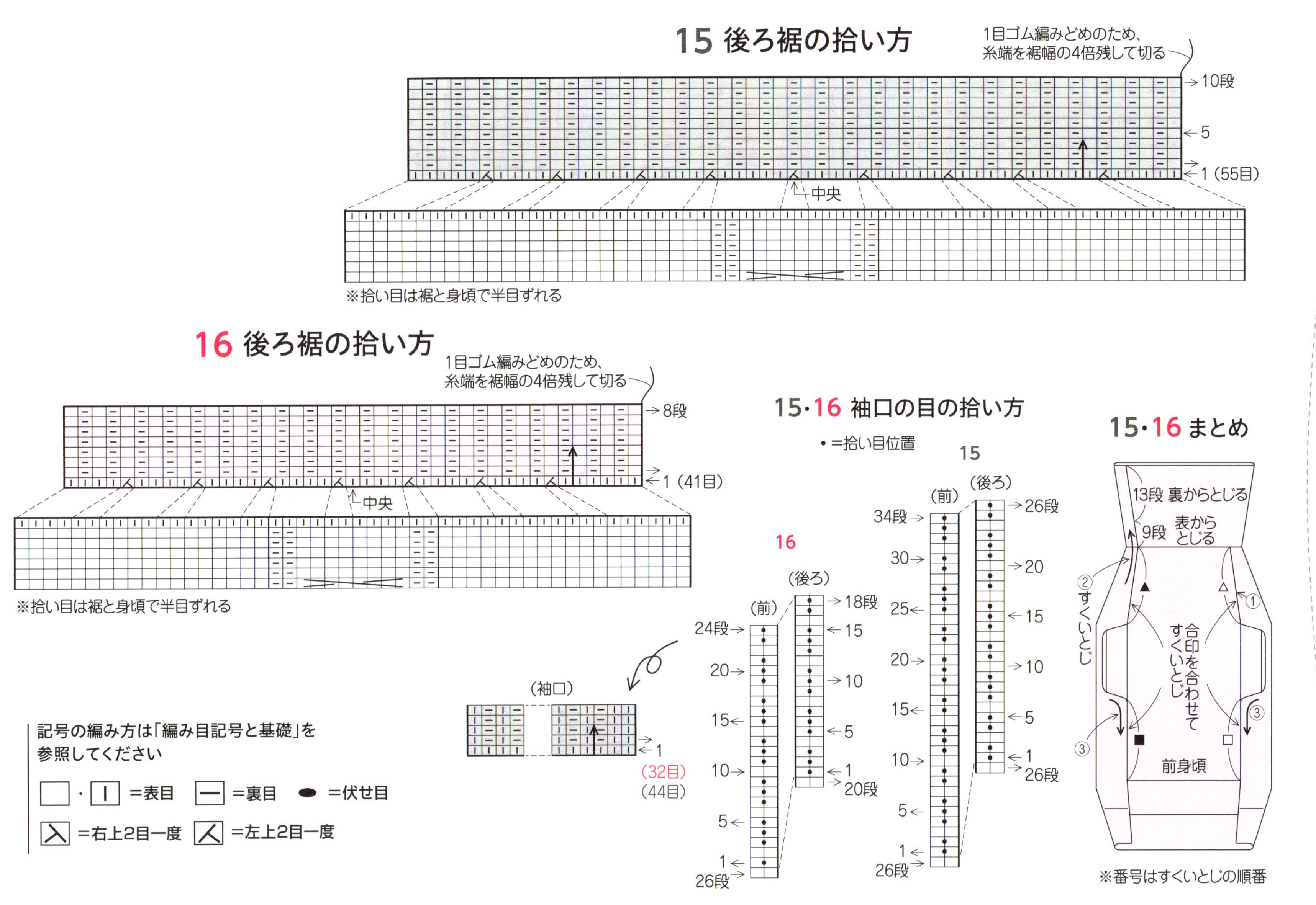
15 後ろ裾の拾い方
1目ゴム編みどめのため、
糸端を裾幅の4倍残して切る
10段
5
1 (55目)
中央
※拾い目は裾と身頃で半目ずれる
16 後ろ裾の拾い方
1目ゴム編みどめのため、
糸端を裾幅の4倍残して切る
8段
1 (41目)
中央
※拾い目は裾と身頃で半目ずれる
15・16 袖口の目の拾い方
• =拾い目位置
15
(前)
(後ろ)
34段
30
25
20
15
10
5
1
26段
26段
20
15
10
5
1
26段
16
(前)
(後ろ)
24段
20
15
10
5
1
26段
18段
15
10
5
1
20段
(袖口)
1
(32目)
(44目)
15・16 まとめ
13段 裏からとじる
9段 表からとじる
② すくいとじ
① ③
合印を合わせて すくいとじ
前身頃
※番号はすくいとじの順番
記号の編み方は「編み目記号と基礎」を
参照してください
・ =表目
=裏目
=伏せ目
=右上2目一度
=左上2目一度

18

19

[材料と用具]

糸／18　オリムパス　メイクメイク（25g巻…並太タイプ）の16（赤紫と白の段染め）を80g（４玉）

糸／19　並太タイプのストレートヤーンの紺を40g、水色を35g（コサージュを含む）

針／18・19共通　８号・６号２本棒針
　　19コサージュ　5/0号かぎ針

付属品／19に長さ３cmのブローチピンを１個

[ゲージ10cm四方]

18・19共通　メリヤス編み・メリヤス編み縞18目26段

[でき上がり寸法]

18・19共通　胴回り47cm　後ろたけ34cm

作品 no. 18・19

≫ 26・27ページ

18・19 プルオーバー

●作品19の詳しい編み方は28ページからの「詳しい編み方のプロセス解説」を参照してください
●プルオーバーの編み方図は90ページにあります

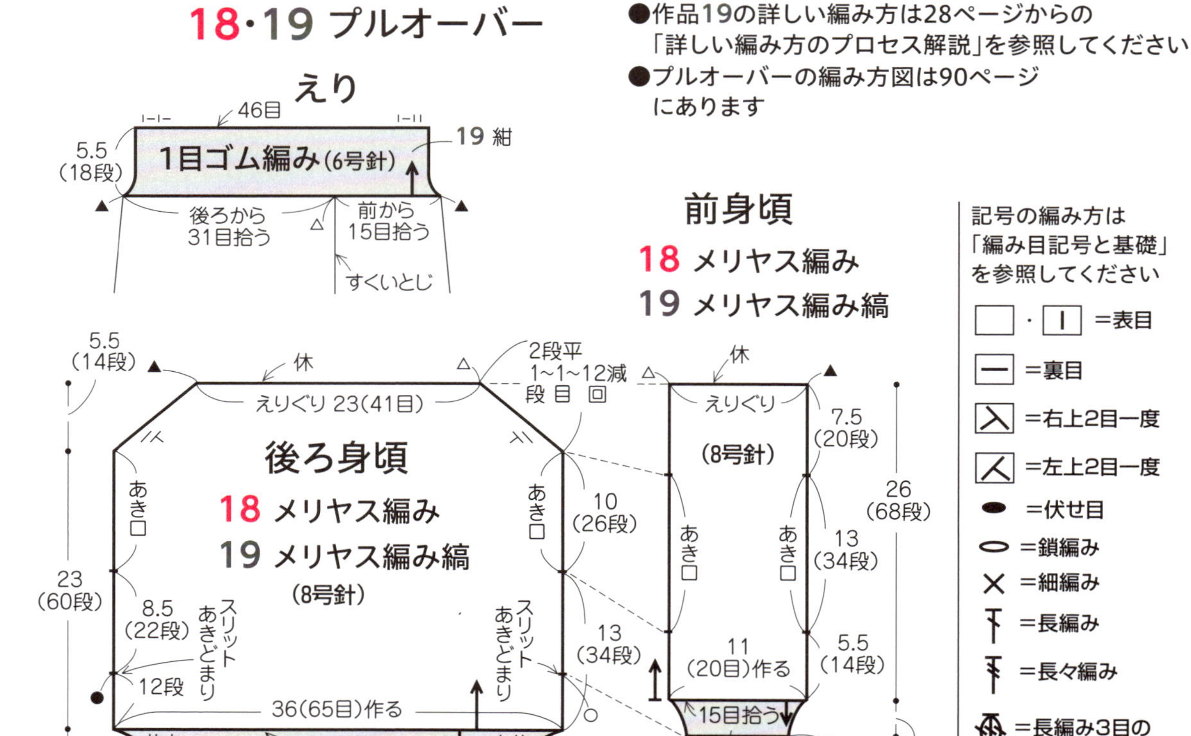

★1目ゴム編みはすべて
1目ゴム編みどめにする

■文字の赤色は18、灰色は19、黒は共通です

［編み方要点］

★1目ゴム編みはすべて1目ゴム編みどめにします。

●後ろ身頃は一般的な作り目をし、18はメリヤス編み、19はメリヤス編み縞で編みます。メリヤス編み縞は糸を脇でたてに渡して編みます。スリットあきどまりとあき口に糸印をつけます。肩を減らし、編み終わりはえりぐりを休み目にします。裾は指定目数を拾い、1目ゴム編みで編みます。

●前は後ろと同じ要領で増減なく編んで休み目にします。裾も後ろと同様に編みます。

●後ろ、前肩の合印（△）を合わせてすくいとじにします。えりは前後の休み目から目を拾い、1目ゴム編みで編みます。

●もう一方の肩（▲）とえりの両端をそれぞれすくいとじで合わせます。

●18の袖口、19の袖・袖口は前後あき口から目を拾い、18は1目ゴム編み、19はメリヤス編み縞と1目ゴム編みで編みます。

●合印（○・●）を合わせ、脇と袖口下、袖下をすくいとじで合わせます。

●19のコサージュは糸輪の作り目をし、内側、外側の花びらと花芯を編んでまとめます。好みの位置につけます。

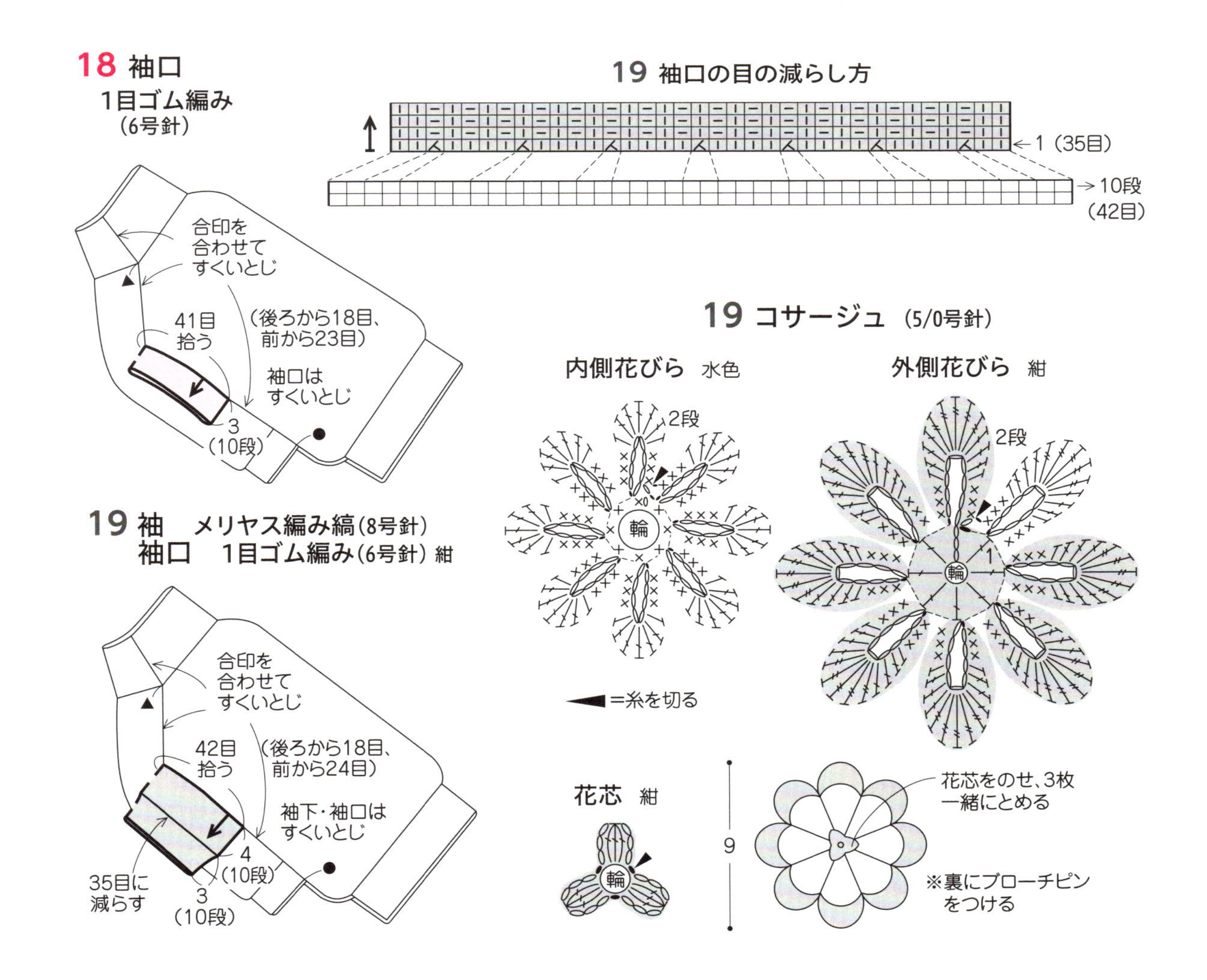

18・19 後ろ、前身頃の編み方図

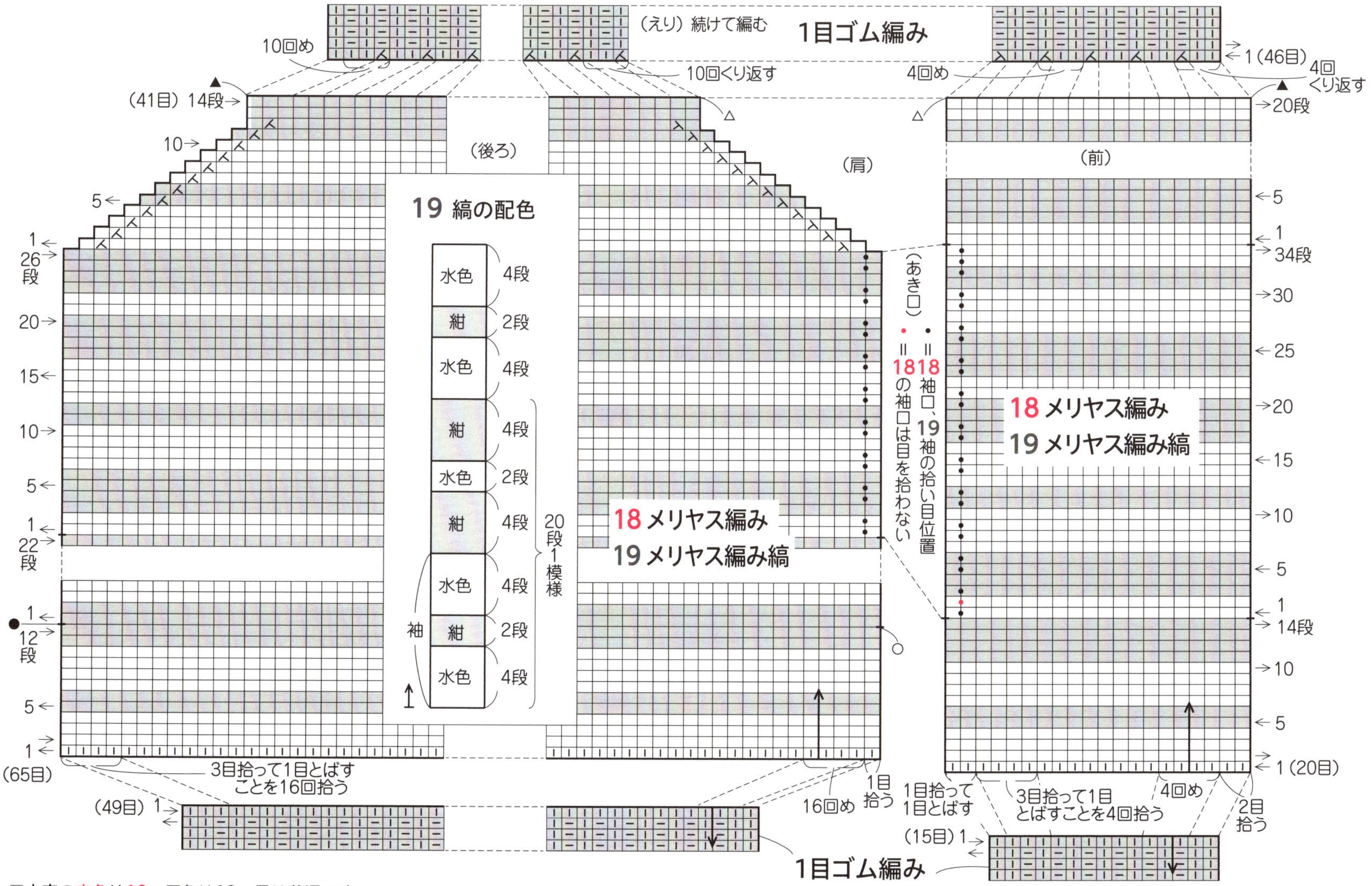

19 縞の配色

色	段数
水色	4段
紺	2段
水色	4段
紺	4段
水色	2段
紺	4段
水色	4段
紺	2段
水色	4段

20段1模様

袖

■文字の赤色は18、灰色は19、黒は共通です

30

31

［材料と用具］

糸／30　中細タイプのコットンストレートヤーンをプルオーバーに赤を80g、白を10g　バッグに赤を80g、白を15g

糸／31　中細タイプのコットンストレートヤーンの黒・オフホワイトを各60g

針／30・31共通　5/0号かぎ針　4号２本棒針
30飾りひも・バッグ　6/0号かぎ針

付属品／30にワイヤー（細）を約105cm

［ゲージ10cm四方］

30・31共通　模様編み・模様編みA・B縞28目12段

30バッグ　模様編み1模様（5cm）11段（10cm）

［でき上がり寸法］

30・31共通　胴回り47cm　後ろたけ28cm

30バッグ　口幅25cm　深さ19cm

作品 no. 30・31

≫ 42・43ページ

●編み方要点は92ページにあります

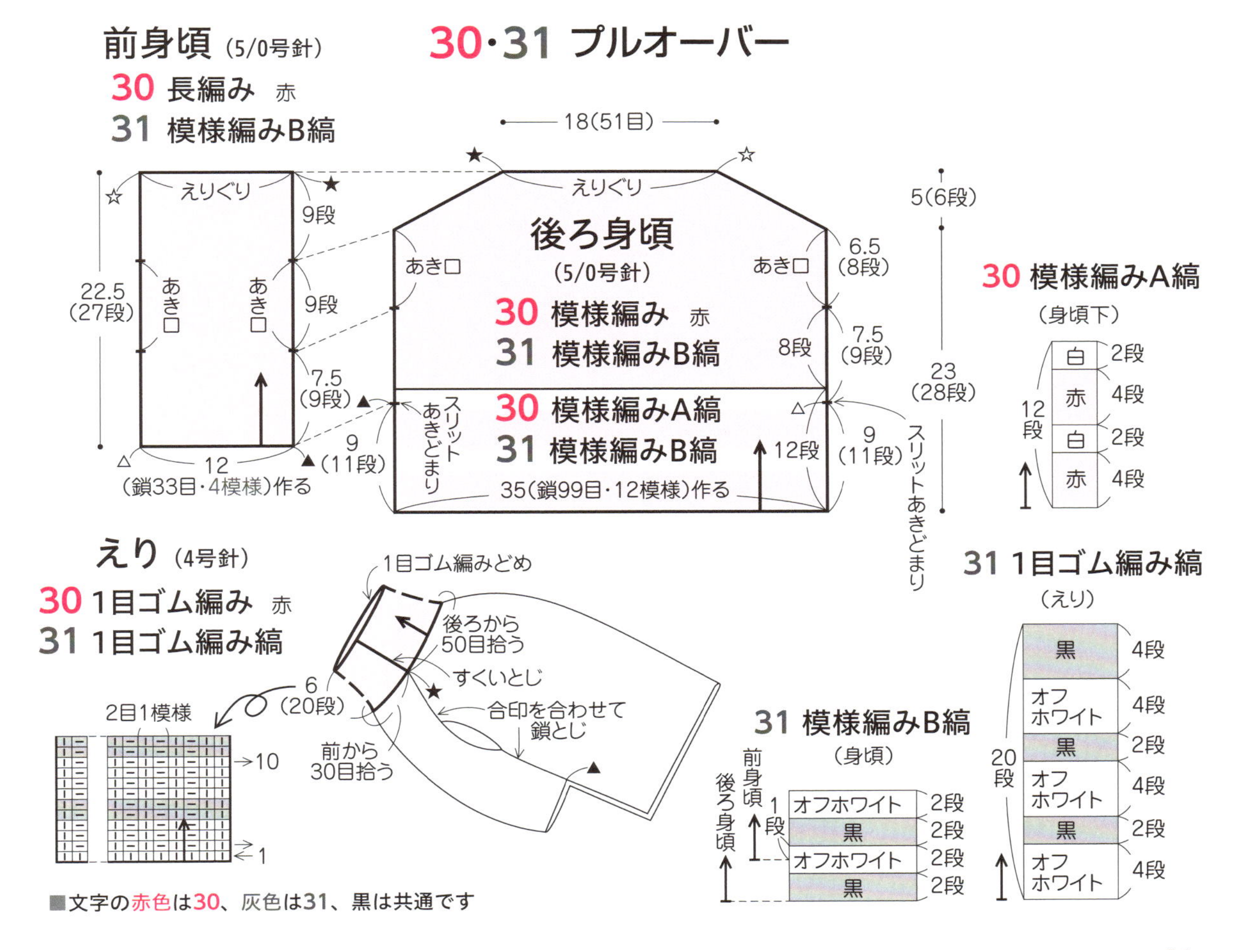

■文字の赤色は30、灰色は31、黒は共通です

[編み方要点]

プルオーバー

- 後ろ身頃は鎖編みの作り目をし、30は模様編みA縞と模様編み、31は模様編みB縞で編みます。縞は糸を脇でたてに渡して編みます。スリットあきどまりとあき口に糸印をつけます。肩は減らしながらえりぐりまで編みます。
- 前は後ろと同じ作り目をして30は長編み、31は模様編みＢ縞で増減なく編みます。
- 後ろ、前の片方の肩の合印（☆）を合わせてすくいとじにします。えりは前後えりぐりから目を拾い、30は1目ゴム編み、31は1目ゴム編み縞で編んで１目ゴム編みどめにします。
- もう一方の肩（★）とえりの両端、両脇をそれぞれすくいとじで合わせます。
- 30はひもを２本どりの鎖編みで編んで、両端に大小のポンポンをつけ、後ろ身頃の好みの位置につけます。

30 バッグ

★糸は2本どりで底から輪に編みます。

- 底は鎖編みの作り目をし、長編みで目を増しながら編みます。
- 側面は模様編みC縞と模様編みで増し目をしながら編みます。続けて縁編みを編みますが、１段めはワイヤーを入れながら編みます。
- 持ち手は鎖編みの作り目をして細編みで増減なく編みます。回りの縁編みはワイヤーを入れながら編みます。持ち手を本体にまつりつけます。
- ポンポンつきの飾りひもを作り、持ち手につけます。

30・31 後ろ身頃の編み方図

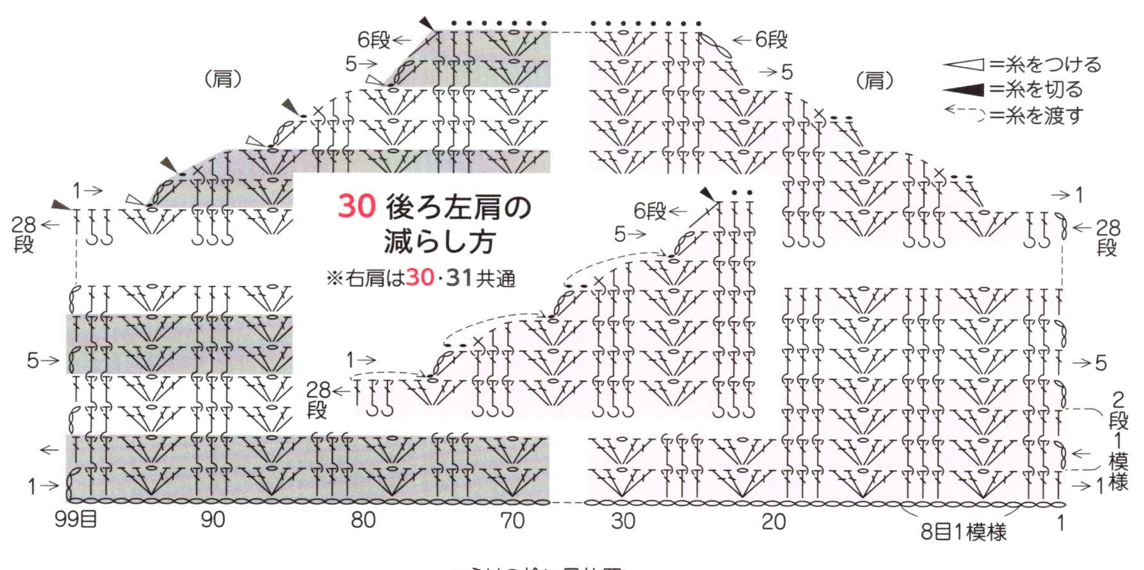

・=えりの拾い目位置

30 前身頃の編み方図

31 前身頃の編み方図

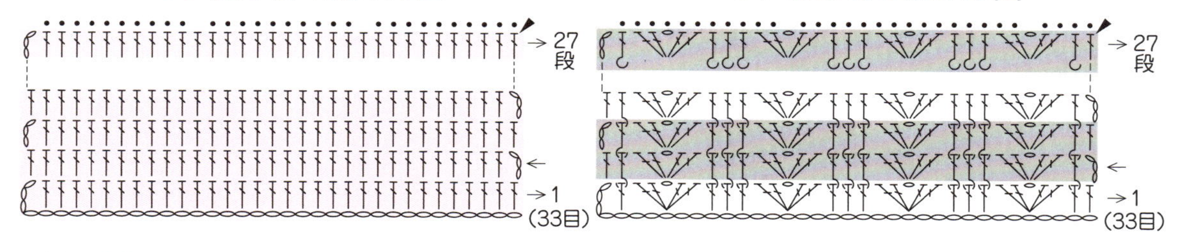

■文字の赤色は30、灰色は31、黒は共通です

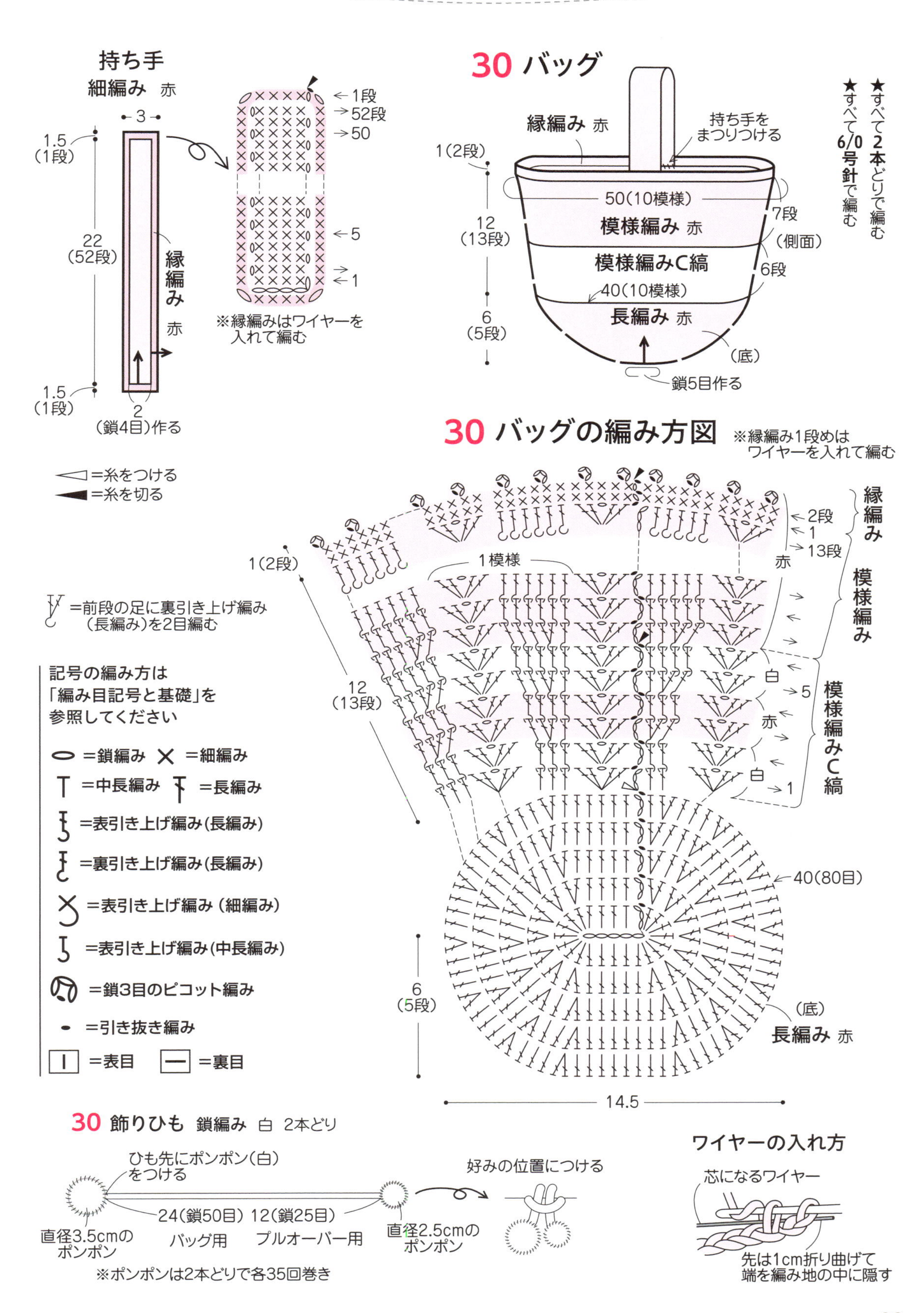

持ち手
細編み 赤
3
1.5
(1段)
22
(52段)
縁編み
赤
1.5
(1段)
2
(鎖4目)作る
1段
52段
50
5
1
※縁編みはワイヤーを
入れて編む
30 バッグ
★すべて2本どりで編む
★すべて6/0号針で編む
縁編み 赤
持ち手を
まつりつける
1(2段)
50(10模様)
12
(13段)
模様編み 赤
7段
(側面)
模様編みC縞
6段
40(10模様)
6
(5段)
長編み 赤
(底)
鎖5目作る
30 バッグの編み方図
※縁編み1段めは
ワイヤーを入れて編む
=糸をつける
=糸を切る
=前段の足に裏引き上げ編み
(長編み)を2目編む
記号の編み方は
「編み目記号と基礎」を
参照してください
=鎖編み
=細編み
=中長編み
=長編み
=表引き上げ編み(長編み)
=裏引き上げ編み(長編み)
=表引き上げ編み (細編み)
=表引き上げ編み(中長編み)
=鎖3目のピコット編み
=引き抜き編み
=表目
=裏目
1模様
1(2段)
12
(13段)
2段
1
13段
赤
縁編み
模様編み
白
5
赤
白
1
模様編みC縞
40(80目)
6
(5段)
(底)
長編み 赤
14.5
30 飾りひも 鎖編み 白 2本どり
ひも先にポンポン(白)
をつける
24(鎖50目) 12(鎖25目)
直径3.5cmの
ポンポン
バッグ用
プルオーバー用
直径2.5cmの
ポンポン
※ポンポンは2本どりで各35回巻き
好みの位置につける
ワイヤーの入れ方
芯になるワイヤー
先は1cm折り曲げて
端を編み地の中に隠す

20

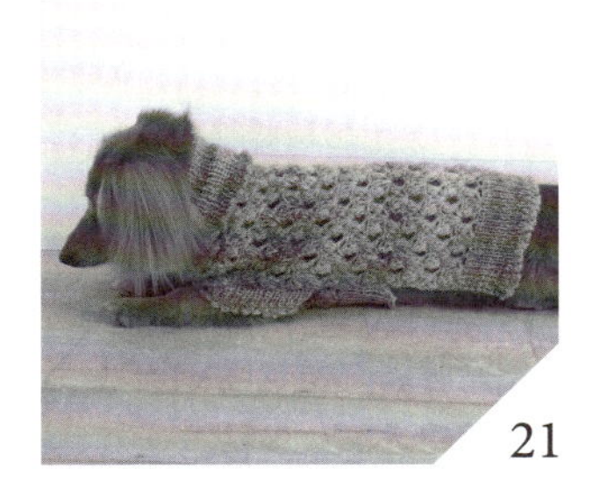
21

作品 no. 20・21 » 34・35ページ

［材料と用具］

糸／20　ダイヤモンド毛糸　ダイヤタスマニアンメリノ（40g巻…並太タイプ）の746（青緑）を40g（1玉）、オリーブ色（709・廃色）・759（マスタード色）・767（マロン色）を各20g（各１玉）

糸／21　並太タイプのストレートヤーンの薄緑・ベージュ系段染めを90g

針／20　4/0号かぎ針

21　3/0号かぎ針　４号・６号４本棒針

［ゲージ］

20・21共通　模様編み・模様編み縞１模様（3.4㎝）11段（10㎝）

［でき上がり寸法］

20　胴回り37㎝　後ろたけ29㎝

21　胴回り37㎝　後ろたけ30㎝

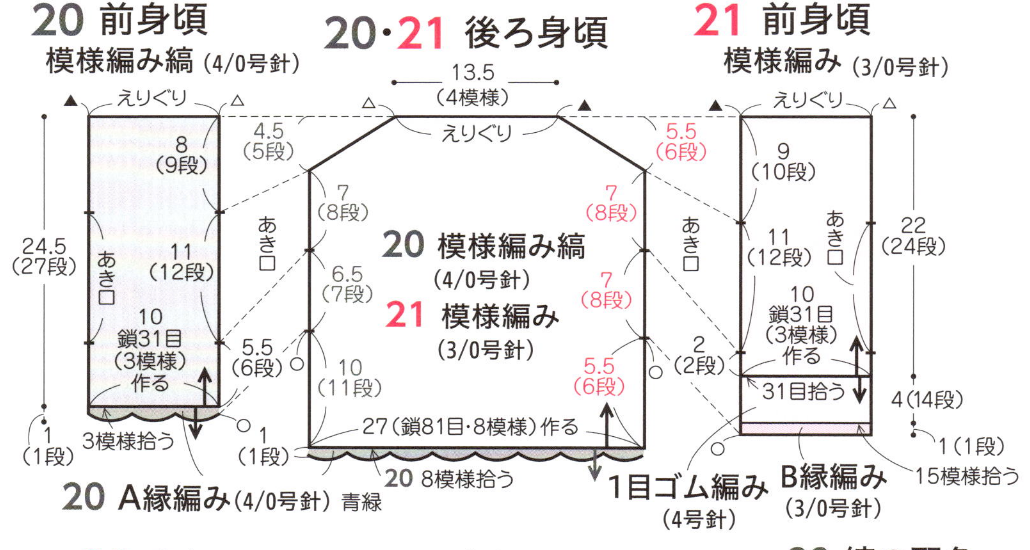

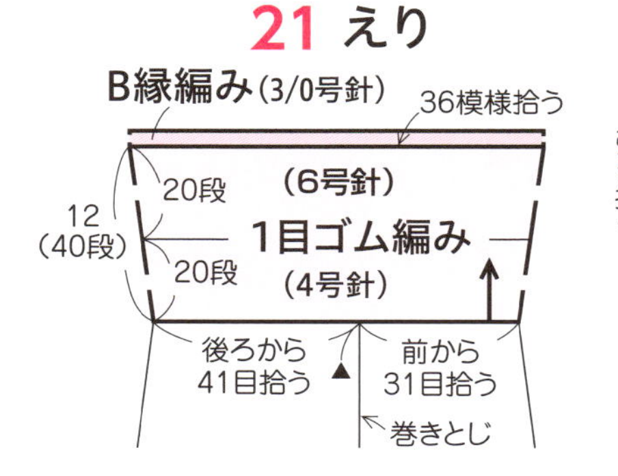

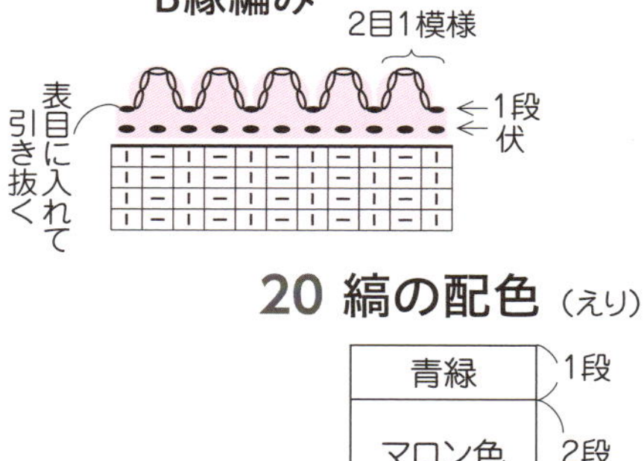

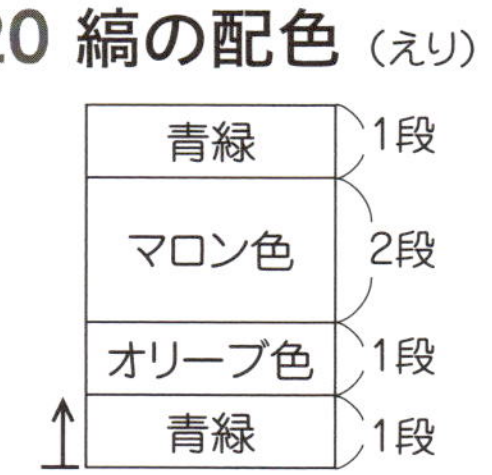
20 縞の配色（えり）

色	段数
青緑	1段
マロン色	2段
オリーブ色	1段
青緑	1段

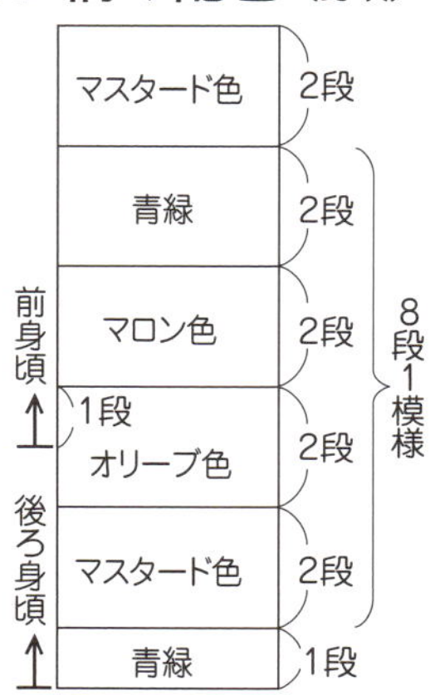
20 縞の配色（身頃）

色	段数
マスタード色	2段
青緑	2段
マロン色	2段
オリーブ色	2段（前身頃 1段）
マスタード色	2段
青緑	1段

8段1模様（前身頃／後ろ身頃）

■文字の灰色は20、赤色は21、黒は共通です

[編み方要点]

- 後ろ身頃は鎖編みの作り目をし、20は模様編み縞、21は模様編みで編みます。肩は減らしながらえりぐりまで編みます。
- 前は後ろと同じ作り目をして増減なく編みます。
- 裾は20をA縁編み、21は1目ゴム編みとB縁編みで編みます。
- 後ろと前を中表に合わせて20は肩と脇、21は肩をそれぞれ巻きとじにします。
- 20はえりを模様編み縞とA縁編み、袖口をA縁編みで、21はえりを1目ゴム編みとB縁編みで針の号数をかえながら、共に輪に編みます。21の袖は往復に編み、袖下はすくいとじ、脇を巻きとじにします。
- 20のひもは2本どりで編み、えりに通して両端にポンポンをつけます。

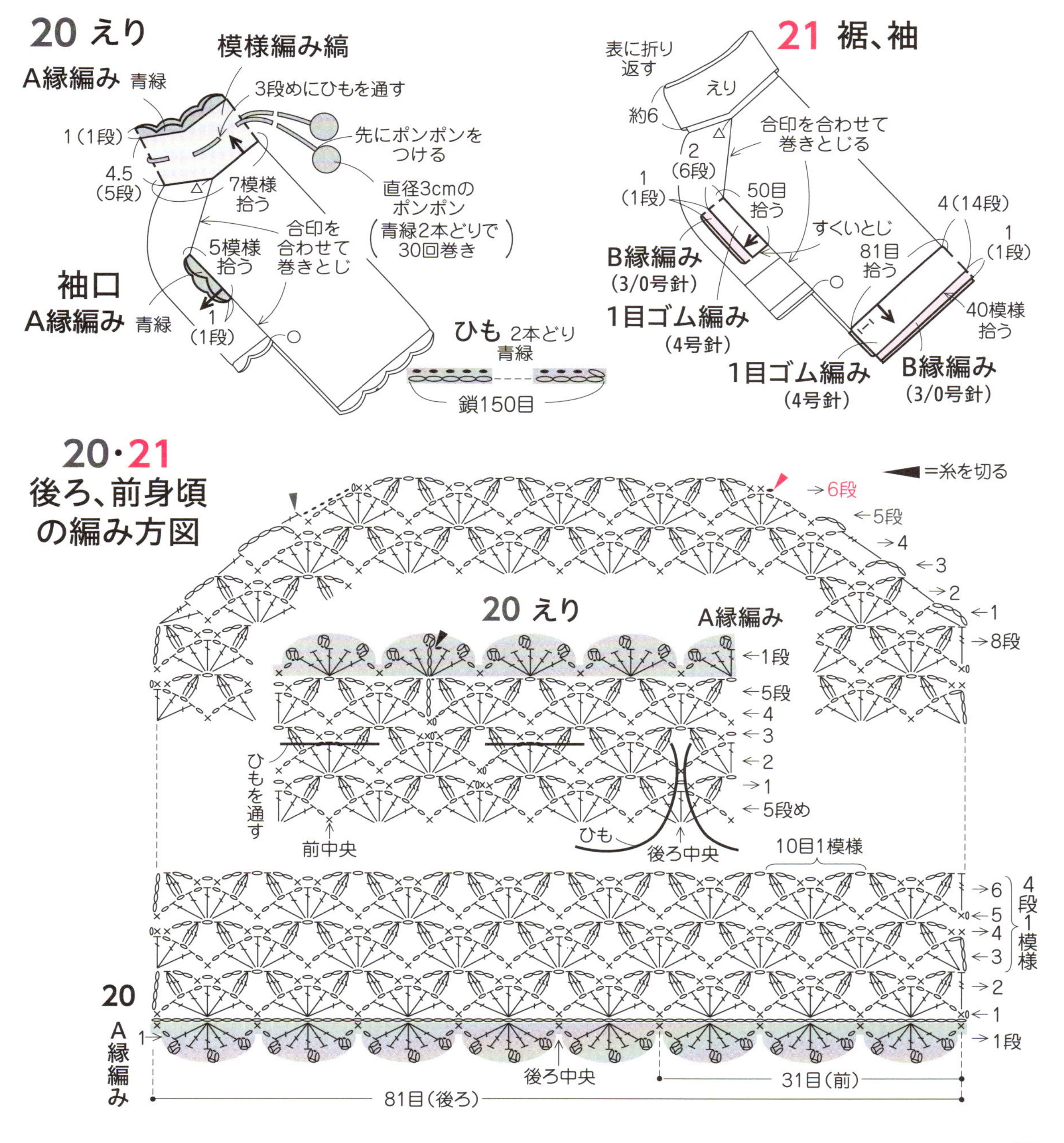

22

23

作品 no. 22・23

» 36・37ページ

[材料と用具]

糸／22　合太タイプのストレートヤーンのえんじ・ピンク系段染めを75g　並太タイプのストレートヤーンのえんじを15g

糸／23　ダイヤモンド毛糸　ダイヤエポカ（40g巻…並太タイプ）の338（ターコイズブルー）を35g（1玉）、オレンジ色（310・廃色）・305（からし色）・380（紫）・384（薄グリーン）を各20g（各1玉）

針／22・23共通　7号・6号2本、7号4本棒針　6/0号かぎ針

[ゲージ10㎝四方]

22・23共通　メリヤス編み・メリヤス編み縞21目28段

[でき上がり寸法]

22・23共通　胴回り40.5㎝　後ろたけ30.5㎝

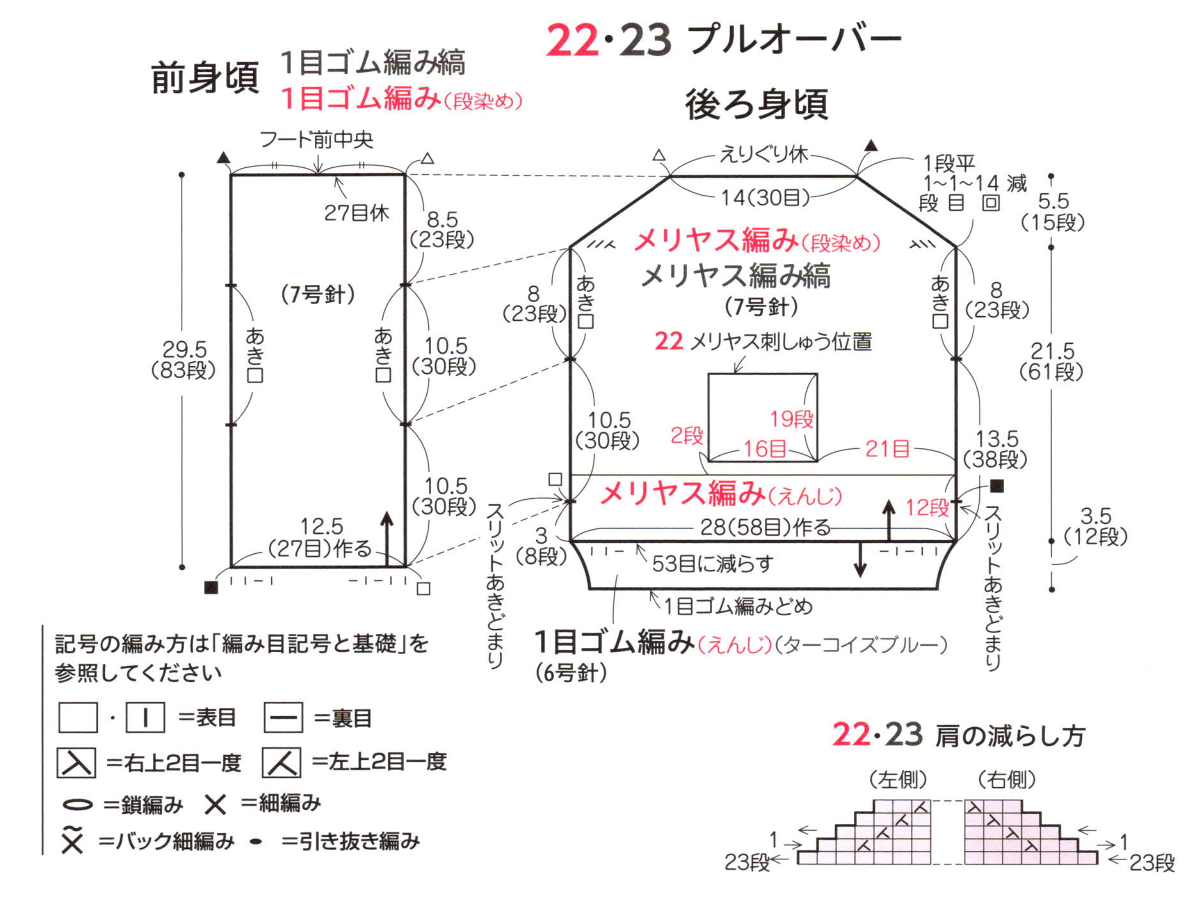

■文字の赤色は22、灰色は23、黒は共通です

［編み方要点］

- 後ろ身頃は一般的な作り目をし、**22**はメリヤス編み、**23**はメリヤス編み縞であき口まで増減なく編みます。スリットあきどまりとあき口に糸印をつけます。肩は減らしながら編み、えりぐりは休み目にします。
- 裾は作り目から目を拾って１目ゴム編みを編み、編み終わりは１目ゴム編みどめにします。
- 前は後ろと同じ作り目をして**22**は１目ゴム編み、**23**は１目ゴム編み縞で増減なく編んで休み目にします。
- フードは休み目から目を拾い、メリヤス編みで編みます。フードのトップは中央から左右に分けて目を減らしながら編みます。残りの目を中表に合わせて引き抜きはぎにし、中央はすくいとじにします。
- 後ろ、前の合印（△・▲・□・■）を合わせ、あき口を残して肩と脇をそれぞれすくいとじにします。
- フードの顔回りをバック細編みで整えます。
- **22**は指定位置に刺しゅうをします。ポンポンを作り、フードにつけます。

●メリヤス刺しゅうの刺し方は54ページにあります

22・23 フード

8.5（18目） 4（8目） 4（8目） 8.5（18目）
休 休
5（14段）
1段平
2-1-5
1-1-3 減
中央
19（53段）
39段
メリヤス編み
（段染め）（ターコイズブルー）
（7号針）
25（52目）拾う
前から12目拾う △ 後ろから28目拾う ▲ 前から12目拾う
前身頃 前身頃
前中央の1目を2目一度にする

22 メリヤス刺しゅう図案

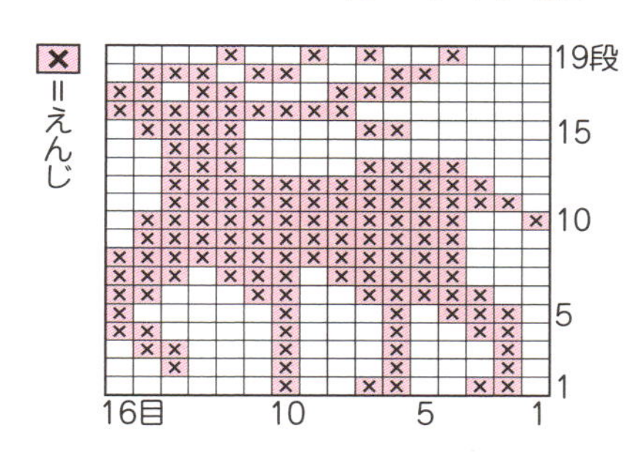

23 配色縞

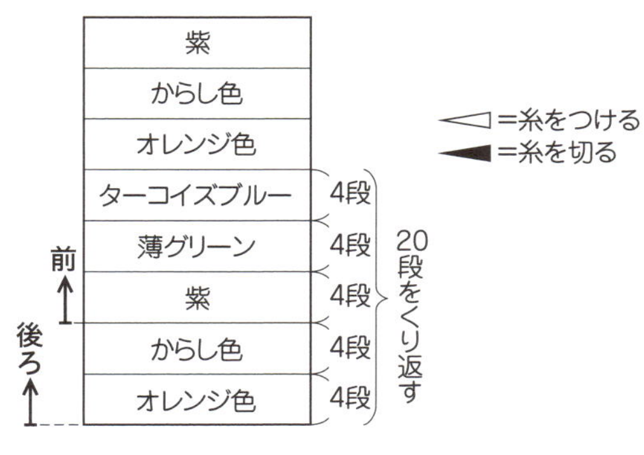

22・23 まとめ

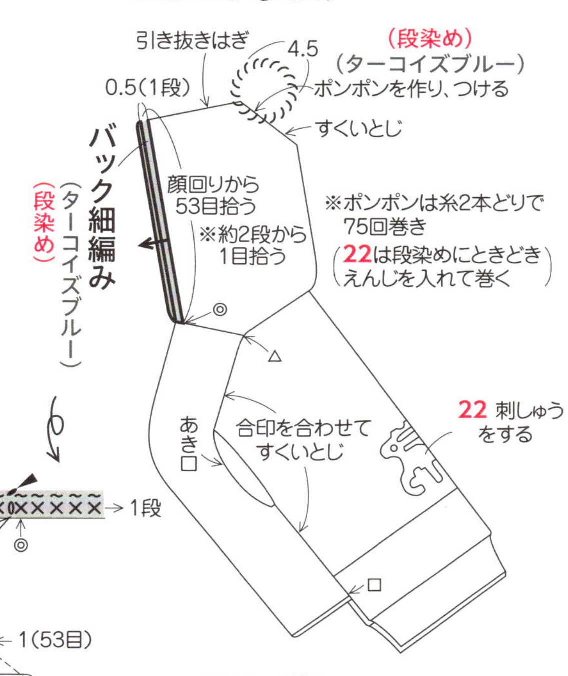

22・23 裾の拾い方

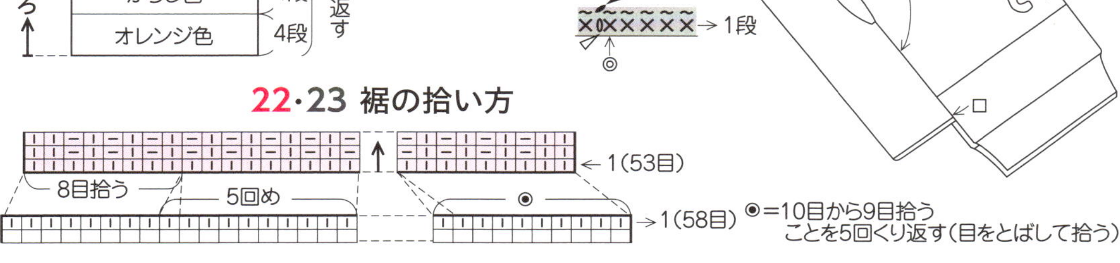

24

25

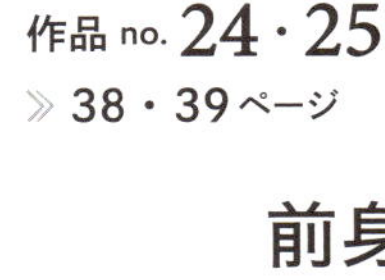

作品 no. 24・25

≫ 38・39ページ

[材料と用具]

糸／24　並太タイプのストレートヤーンのオレンジ系ミックスを70g

糸／25　合太タイプのストレートヤーンの黒・グレー系段染めをプルオーバーに70g、ラリエットに40g

針／24・25共通　4号・5号・6号・7号2本棒針　6/0号かぎ針

[ゲージ10cm四方]

24・25共通　模様編み28目30段

[でき上がり寸法]

24・25共通　胴回り31cm　後ろたけ27.5cm

24・25 プルオーバー

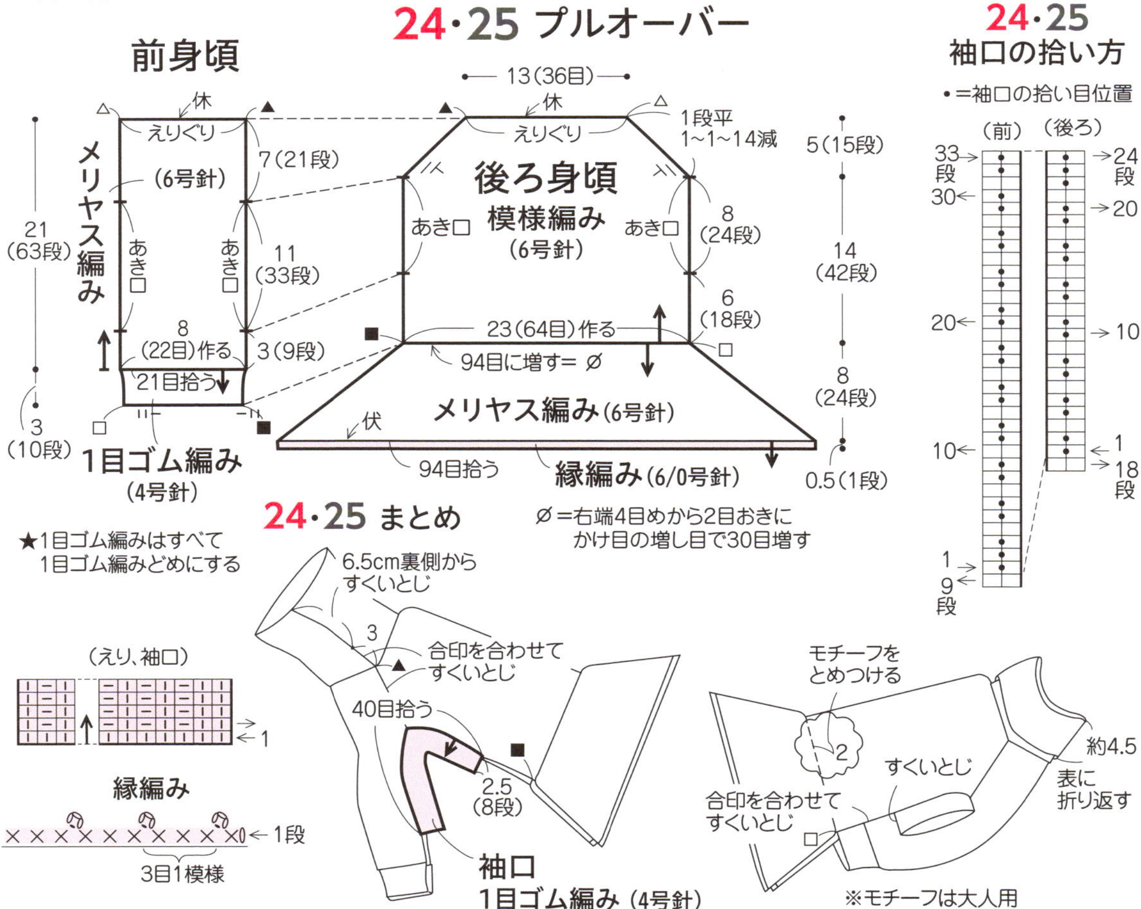

■文字の赤色は24、灰色は25、黒は共通です

［編み方要点］

プルオーバー

★1目ゴム編みはすべて1目ゴム編みどめにします。

- 後ろ身頃は別糸の作り目をし、模様編みで編みます。肩は減らしながらえりぐりまで編み、休み目にします。
- 裾は作り目をほどいて目を拾い、メリヤス編みで増減なく編み、伏せどめにします。続けて縁編みを編んで整えます。
- 前は後ろと同じ作り目をしてメリヤス編みで増減なく編んで休み目にします。裾は作り目をほどいて目を拾い、１目ゴム編みを編みます。
- 後ろ、前の片方の肩の合印（△）を合わせてすくいとじにします。えりは前後えりぐりから目を拾い、指定の針で１目ゴム編みを編みます。
- もう一方の肩（▲）をすくいとじし、袖口を往復編みで1目ゴム編みを編みます。えりの両端を図のように裏と表側からすくいとじで合わせます。
- 残りの脇と袖口下をそれぞれすくいとじにします。
- モチーフは糸輪の作り目をして編み、後ろ身頃にとめつけます。

25 ラリエット

- モチーフは糸輪の作り目をして7枚編みます。
- 鎖編みのひもを作って両端に玉編みを編みつけ、モチーフをバランスよくとじつけます。

模様編み

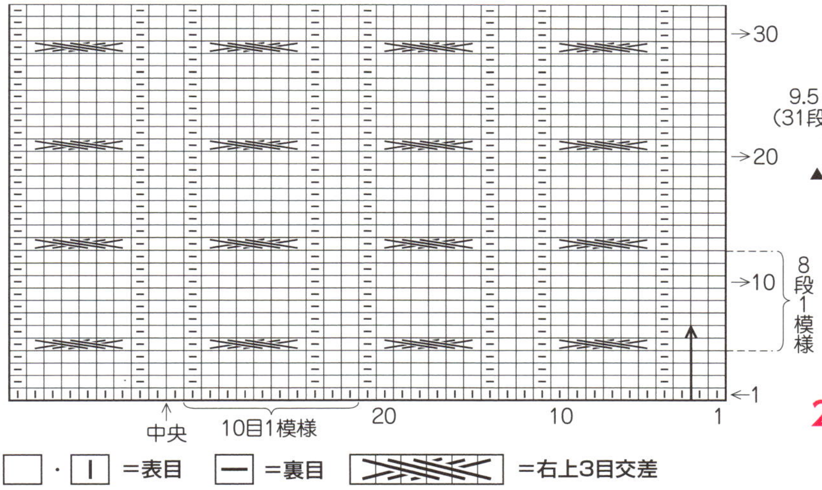

→30
→20
→10
8段1模様
←1
20
10
1
中央
10目1模様

□・｜＝表目　—＝裏目　＝右上3目交差

24・25 えり 1目ゴム編み

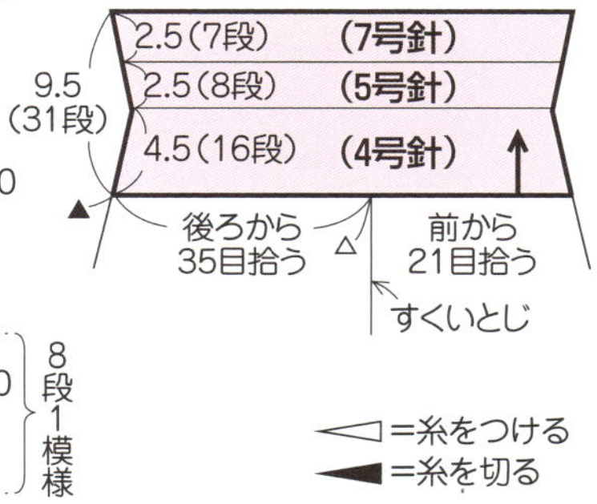

2.5(7段)　(7号針)
2.5(8段)　(5号針)
4.5(16段)　(4号針)
9.5(31段)
後ろから35目拾う
前から21目拾う
すくいとじ

◁＝糸をつける
◀＝糸を切る

24・25 モチーフ (6/0号針)

プルオーバー 各1枚
ラリエット 7枚

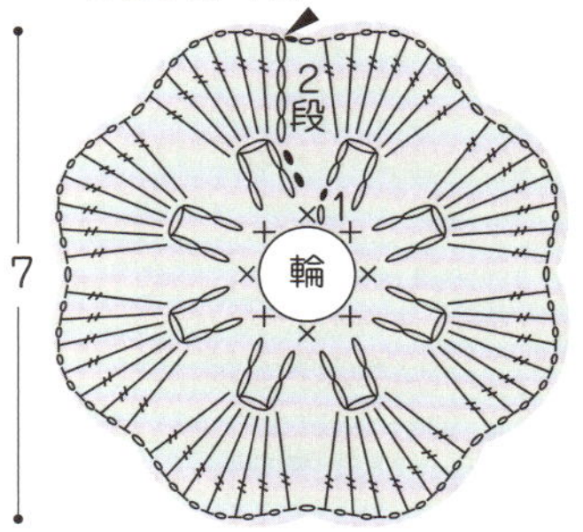

2段
1
輪
7

25 大人用ラリエットの作り方

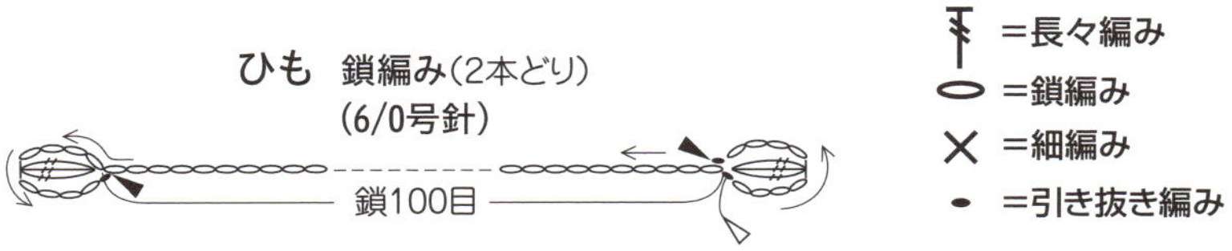

ひも 鎖編み(2本どり)
(6/0号針)

鎖100目

＝長々編み
＝鎖編み
×＝細編み
•＝引き抜き編み

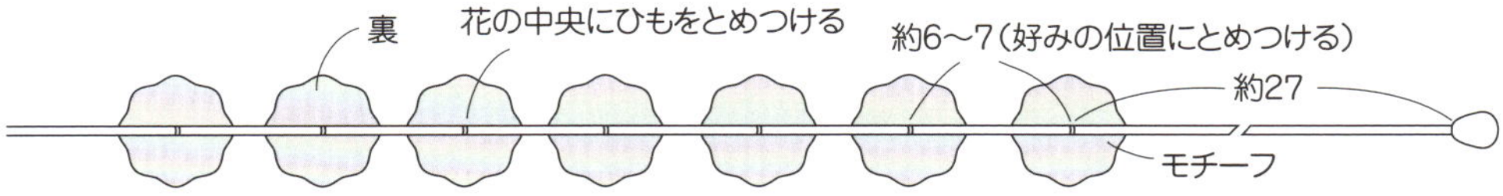

裏
花の中央にひもをとめつける
約6〜7(好みの位置にとめつける)
約27
モチーフ

26

27

作品 no. 26・27 » 40ページ

［材料と用具］

糸／26　並太タイプのストレートヤーンの黄緑・グリーン系段染めを50g

糸／27　極太タイプのストレートヤーンのベージュを50g

針／26　10号・12号2本棒針　8/0号かぎ針

　　27　12号2本棒針　10/0号かぎ針

［ゲージ10cm四方］

26　模様編み20目23段
　　メリヤス編み16.5目22.5段

27　模様編み18目22段
　　メリヤス編み14.5目18.5段

［でき上がり寸法］

26・27共通　胴回り29cm　後ろたけ21cm

26・27 プルオーバー

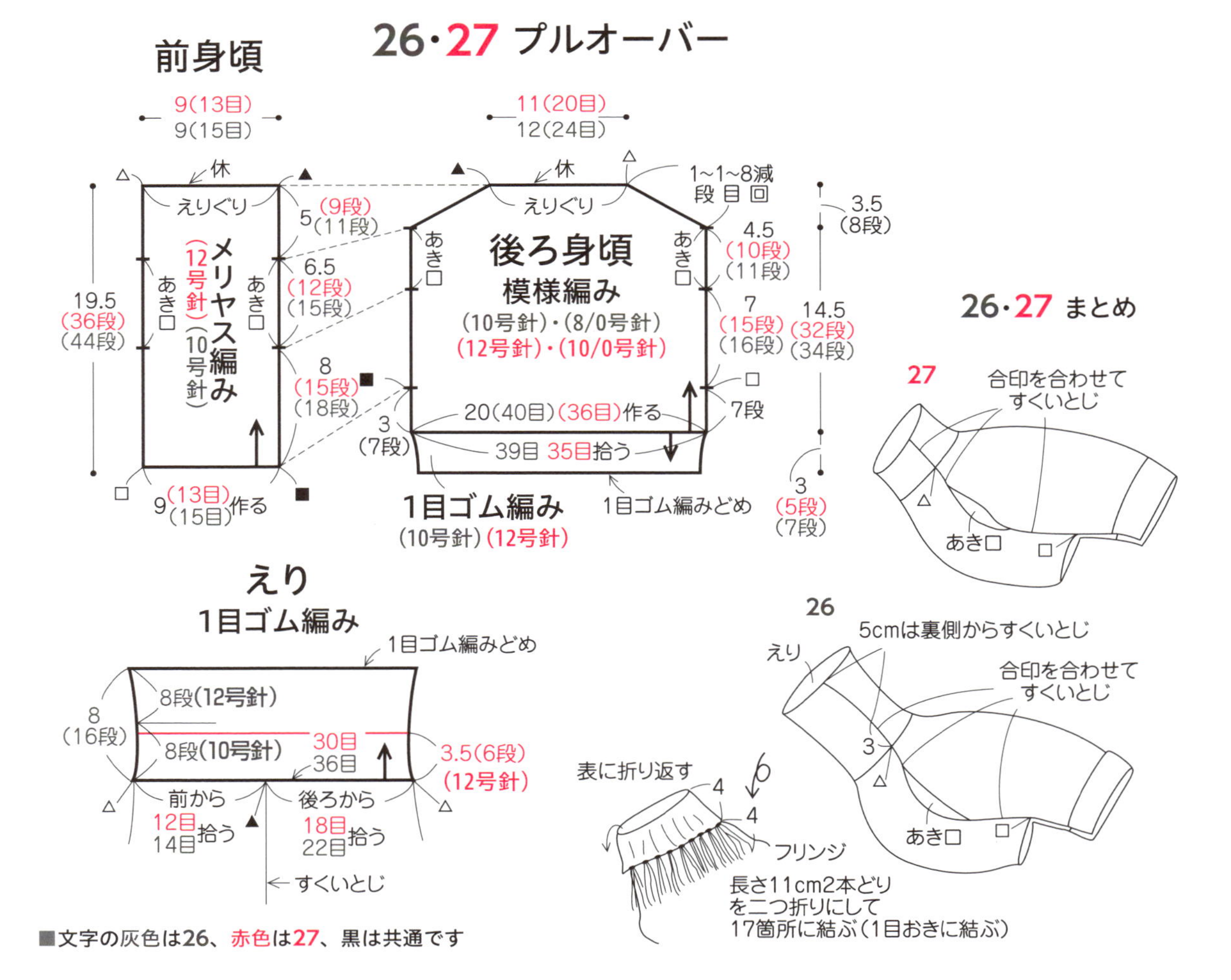

■文字の灰色は26、赤色は27、黒は共通です

[編み方要点]

- 後ろ身頃は別糸の作り目をし、模様編みで編みます。肩は減らしながらえりぐりまで編み、休み目にします。
- 裾は作り目をほどいて目を拾い、１目ゴム編みで編み、編み終わりは1目ゴム編みどめにします。
- 前は一般的な作り目をしてメリヤス編みで増減なく編んで休み目にします。
- 後ろ、前の片方の肩の合印（▲）を合わせてすくいとじにします。えりは前後えりぐりから目を拾い、指定の針で１目ゴム編みを編みます。編み終わりは１目ゴム編みどめにします。
- もう一方の肩（△）とえりの両端をすくいとじにします。26のえりは両端を図のように表と裏側からすくいとじで合わせます。
- 26はえりを折り返した表側にフリンジを結びます。

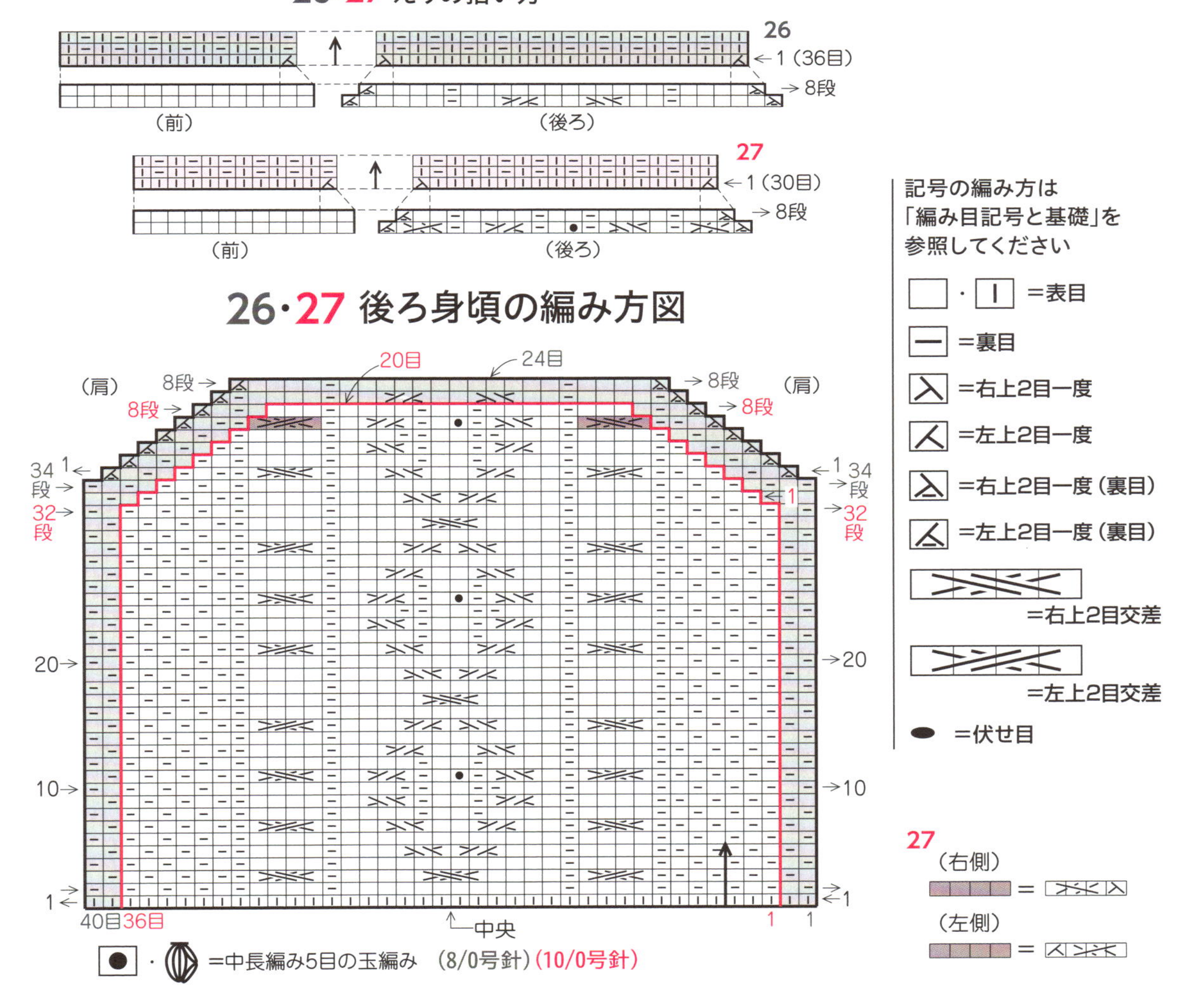

32

33

作品 no. 32・33

》44・45ページ

［材料と用具］

糸／32　合太タイプのコットンストレートヤーンの薄いピンク・ライトブルーを各20g、黄緑を10g

糸／33　合太タイプのコットンストレートヤーンの白を60g、赤と紺を各5g

針／32・33共通　6号・4号2本棒針

32　5/0号かぎ針

［ゲージ10cm四方］

32・33共通　メリヤス編み・メリヤス編み縞22目30段

［でき上がり寸法］

32・33共通　胴回り38cm　後ろたけ30cm

32・33 プルオーバー

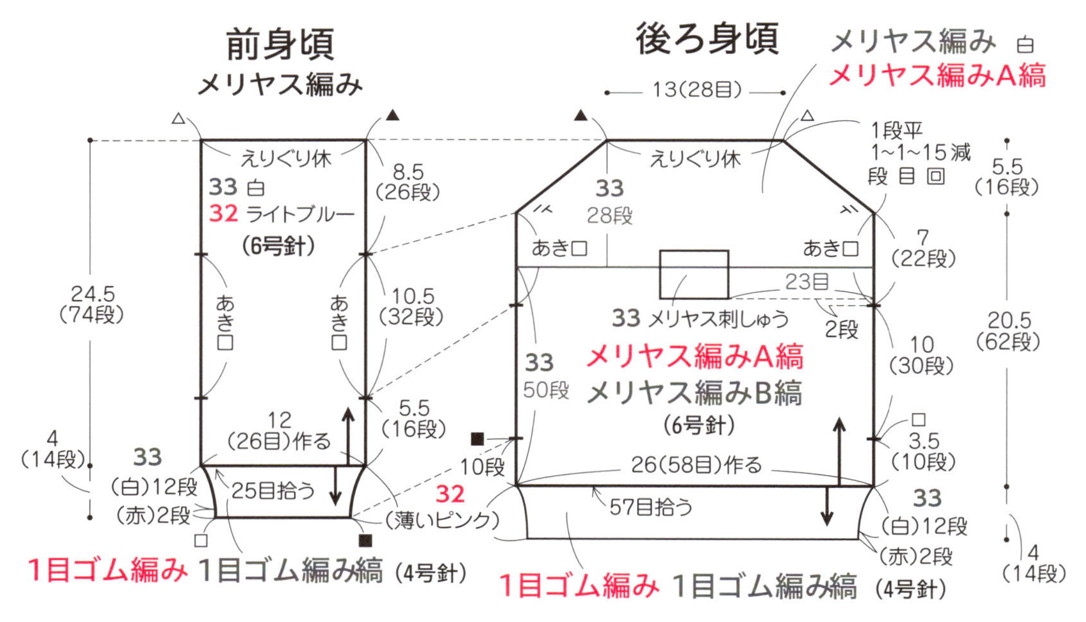

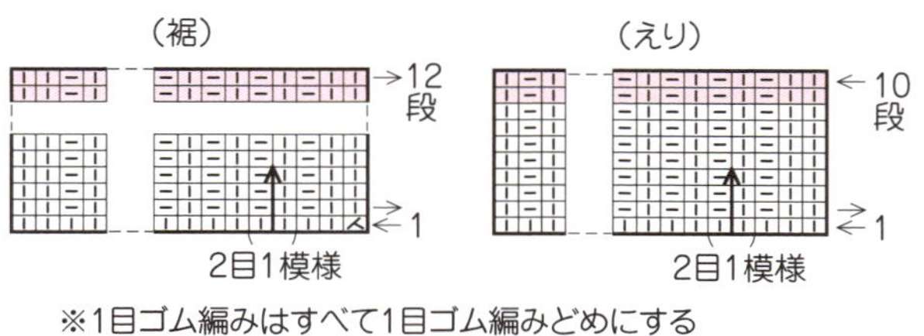

※1目ゴム編みはすべて1目ゴム編みどめにする

32・33 えり

1目ゴム編み 1目ゴム編み縞 (4号針)

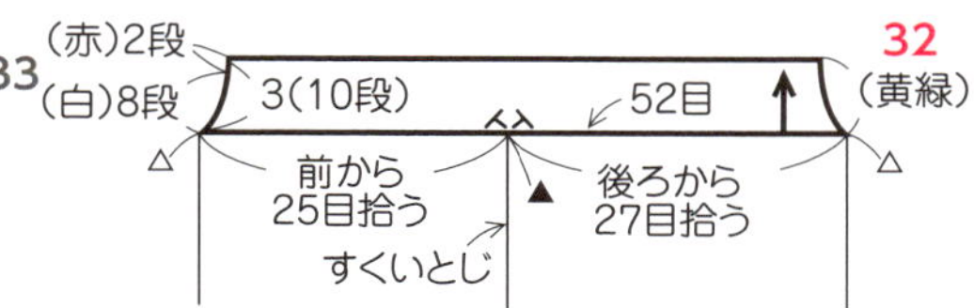

■文字の赤色は32、灰色は33、黒は共通です

［編み方要点］

★1目ゴム編みはすべて1目ゴム編みどめにします。

- 後ろ身頃は別糸の作り目をし、32はメリヤス編みA縞で、33はメリヤス編みB縞とメリヤス編みで編みます。肩は減らしながらえりぐりまで編み、休み目にします。
- 裾は作り目をほどいて目を拾い、32は１目ゴム編み、33は１目ゴム編み縞で編みます。
- 前は後ろと同じ作り目をしてメリヤス編みで増減なく編んで休み目にします。裾は後ろと同じ要領で編みます。
- 後ろ、前の片方の肩の合印（▲）を合わせてすくいとじにします。えりは前後えりぐりから目を拾い、32は１目ゴム編み、33は１目ゴム編み縞を編みます。
- もう一方の肩（△）とえりの両端をすくいとじにします。袖口は前後あき口から目を拾い、32は１目ゴム編み、33は１目ゴム編み縞を編みます。
- 袖口下と脇をそれぞれすくいとじで合わせます。
- 32のえり縁、袖口縁、裾縁は縁編みで整えます。33は後ろ身頃の指定位置にメリヤス刺しゅうをします。

記号の編み方は「編み目記号と基礎」を参照してください

□・｜ ＝表目
－ ＝裏目
入 ＝右上2目一度
人 ＝左上2目一度
○ ＝鎖編み
× ＝細編み
• ＝引き抜き編み

32 メリヤス編みA縞

33 メリヤス編みB縞

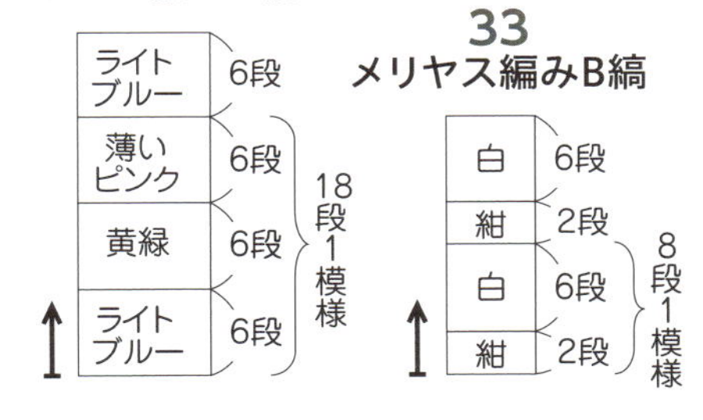

33 メリヤス刺しゅう図案

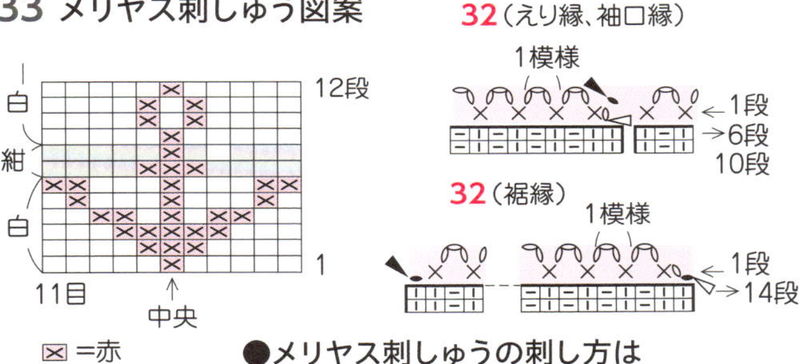

⊠＝赤

●メリヤス刺しゅうの刺し方は54ページにあります

◁＝糸をつける
◀＝糸を切る

32 袖口 1目ゴム編み（4号針）薄いピンク
えり縁、袖口縁、裾縁 縁編み（5/0号針）

黄緑　薄いピンク　薄いピンク

33 袖口
1目ゴム編み縞（4号針）

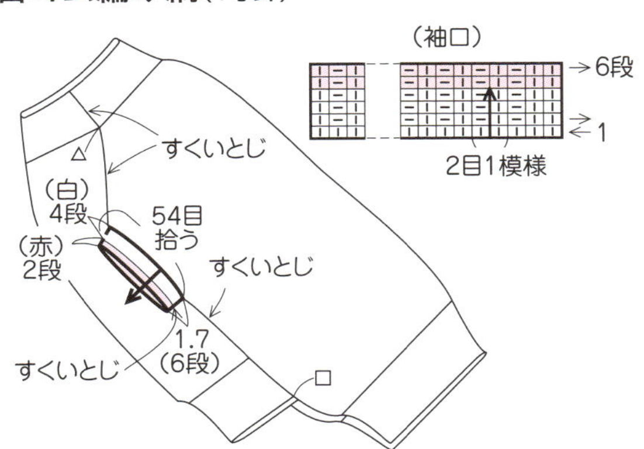

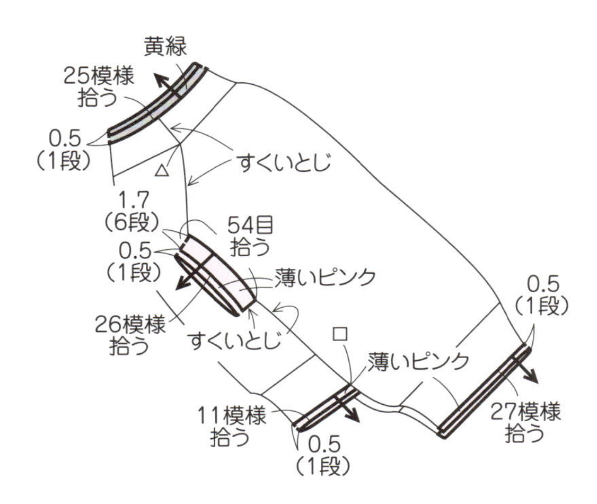

編み目記号と基礎

〈棒針編み〉

一般的な作り目（指に糸をかける）

❶
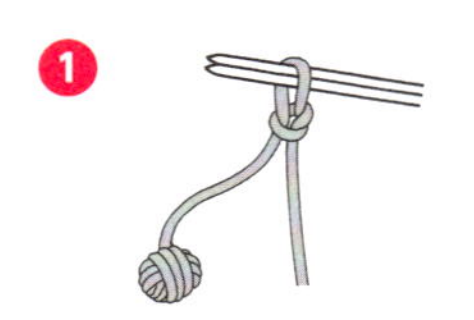
編み幅の約 3.5 倍の糸端を残して糸輪を作り、棒針にかけて１目めを作る

❷
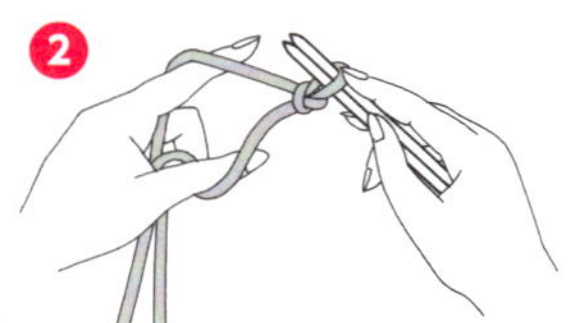
親指側に短いほうの糸端をかける

❸
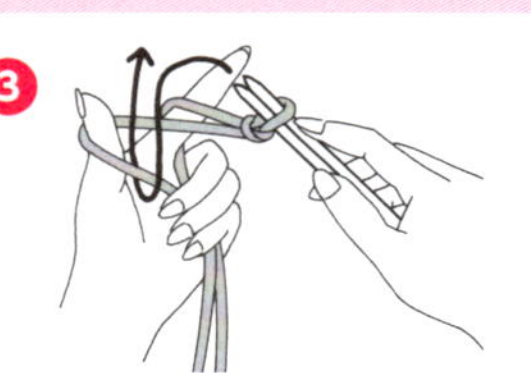
親指側から矢印のように棒針を入れる

❹
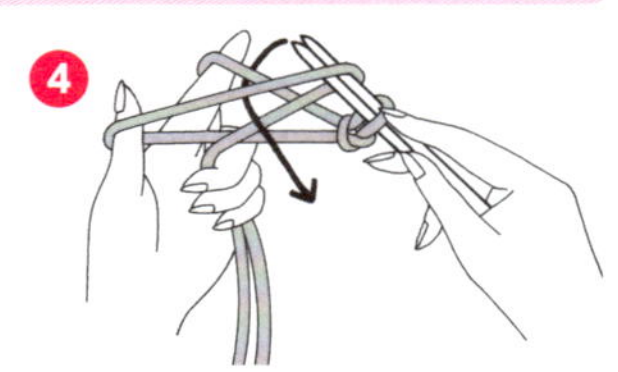
人さし指にかかっている糸を棒針ですくう

❺
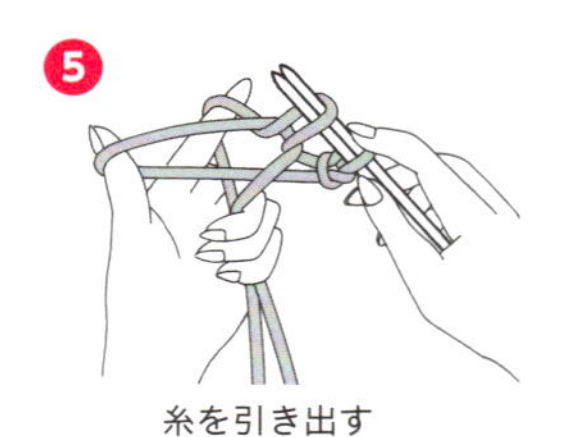
糸を引き出す

❻
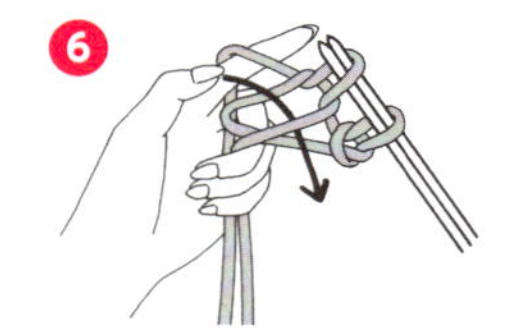
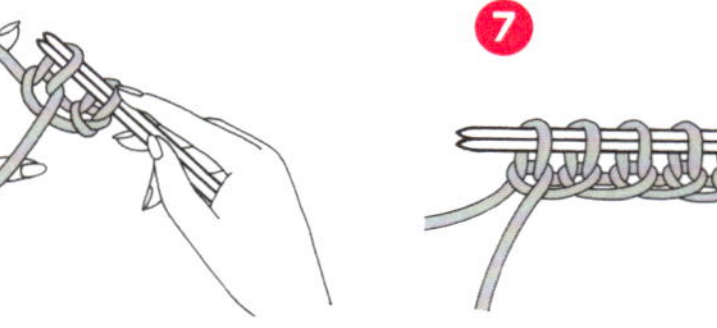
親指を一度はずし、矢印のように親指をかけ直して、親指を引いて目を引き締める。3 目め以降も同様に❸～❻をくり返す

❼
必要目数を作り、棒針を１本抜く

別糸の作り目（あとでほどく）

〈別糸の作り目〉

❶
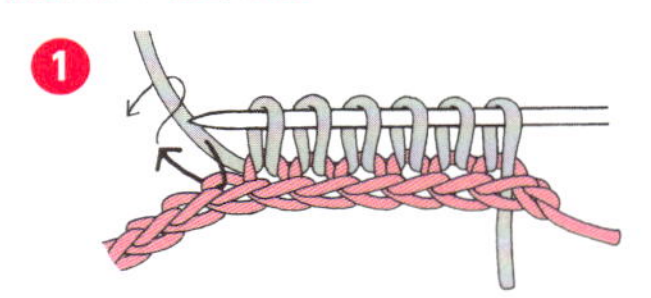
別糸で必要目数よりも２～５目ぐらい多く鎖の目を作る（端の目は拾いにくいため）。鎖編みの編み終わり側の裏山（裏側のコブ）に針を入れて目をすくう

❷
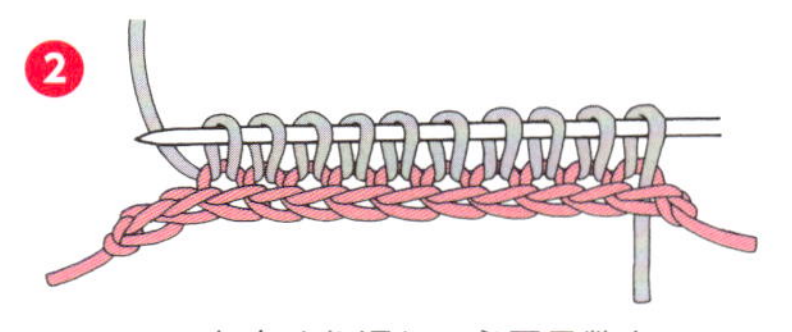
これをくり返して必要目数を作る。これが１段めになる

❸
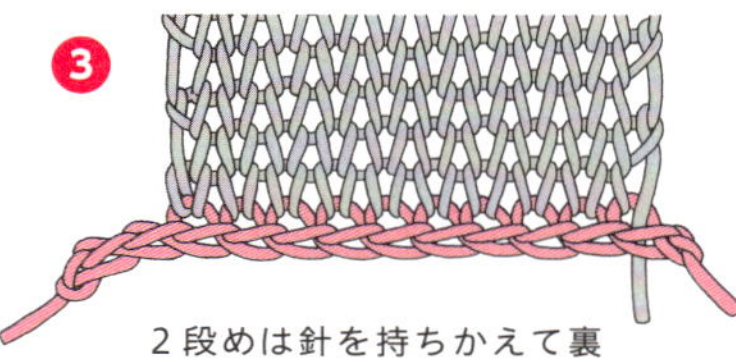
２段めは針を持ちかえて裏側から編み、必要段数を編む

〈目の拾い方〉

❶
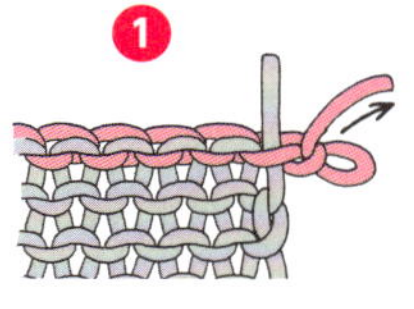
鎖の目の編み終わりから、矢印のように１目ずつ別糸をほどいていく
※必ず編み終わりから鎖の目をほどく

❷
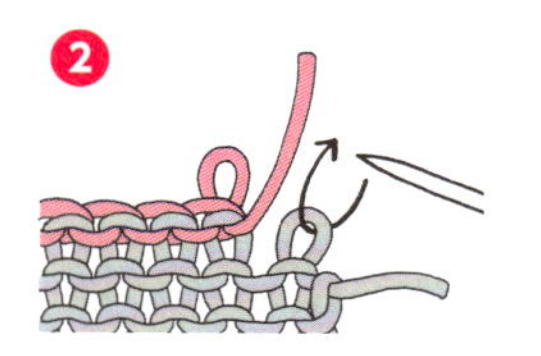
ほどきながら棒針で編み目を拾う

❸
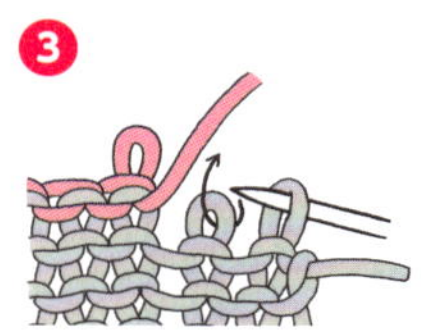

❹
作り目と同じ目数を拾う

｜ 表目

❶
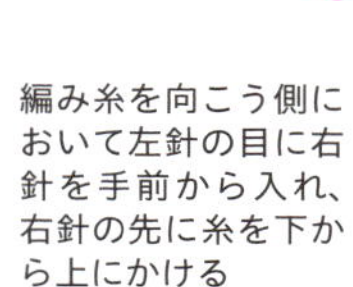
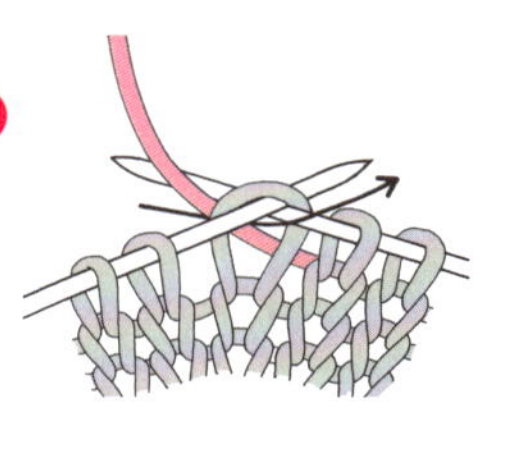
編み糸を向こう側において左針の目に右針を手前から入れ、右針の先に糸を下から上にかける

❷
左針の目のループの中から編み糸を手前に引き出す

❸
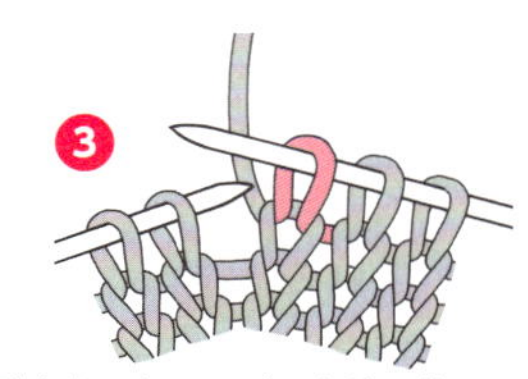
引き出したループは右針に移り、左針の目をはずしてできた編み目が表目になる

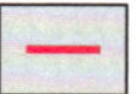 裏目

❶
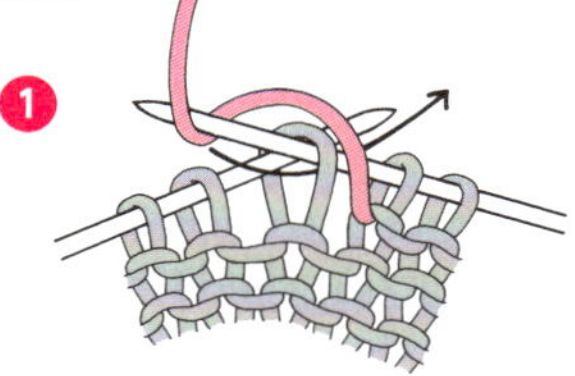
編み糸を手前において左針の目に右針を向こう側から入れ、右針の先に糸を上から下にかける

❷
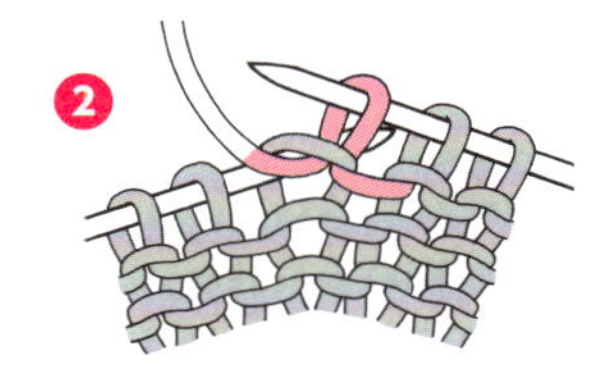
左針の目のループの中から編み糸を向こう側に引き出す

❸
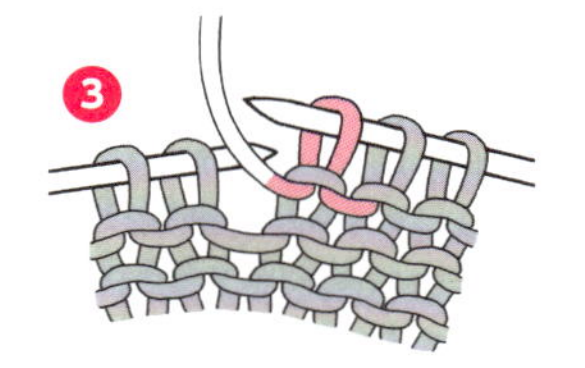
引き出したループは右針に移り、左針の目をはずしてできた編み目が裏目になる

 右上２目一度

❶
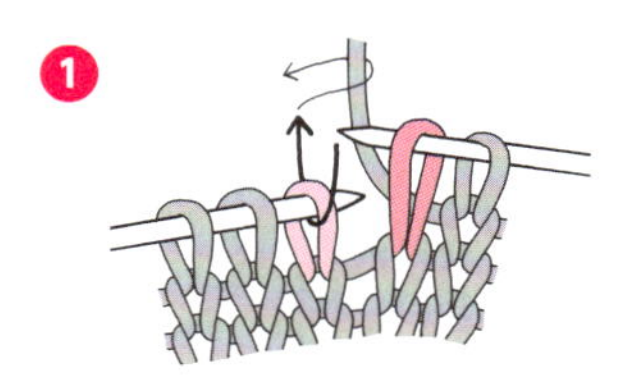
左針の１目に手前から針を入れて編まずに右針に移し、左針の次の目を表目で編む

❷
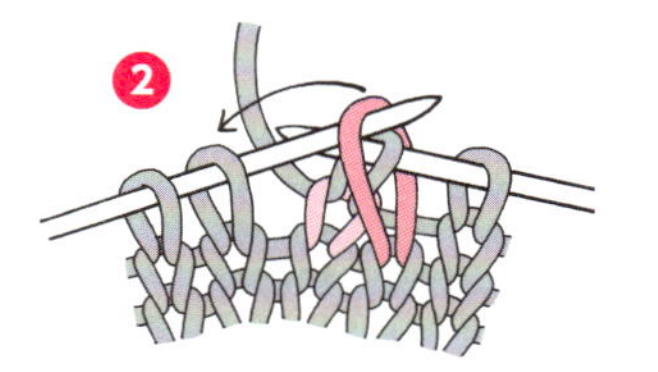
右針に移した目を編んだ目にかぶせる

❸
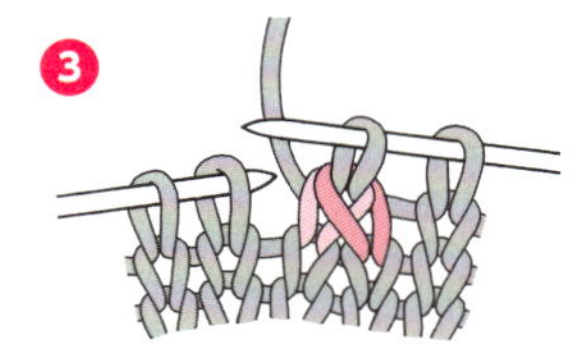
右の目が左の目の上に重なる

 右上２目一度（裏目）

❶
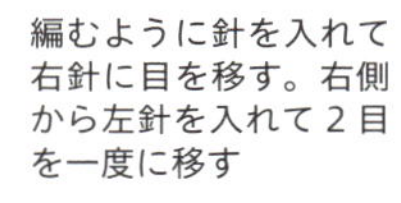
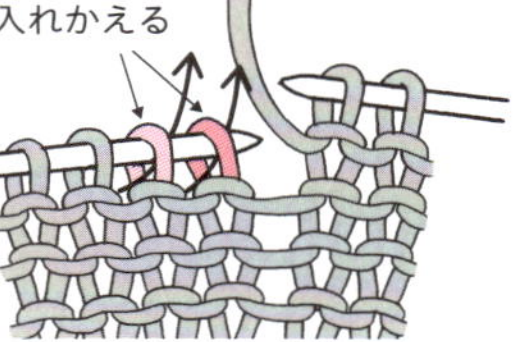

編むように針を入れて右針に目を移す。右側から左針を入れて２目を一度に移す

❷
２目を一度に裏目で編む

❸
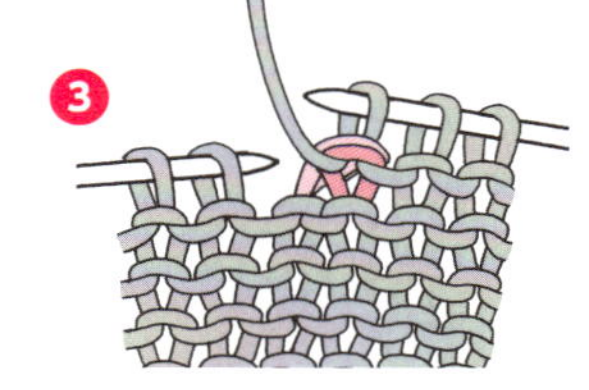
糸を引き出すと右針に移り、右の目が左の目の上に重なる

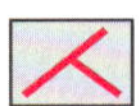 左上２目一度

❶
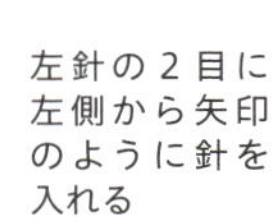
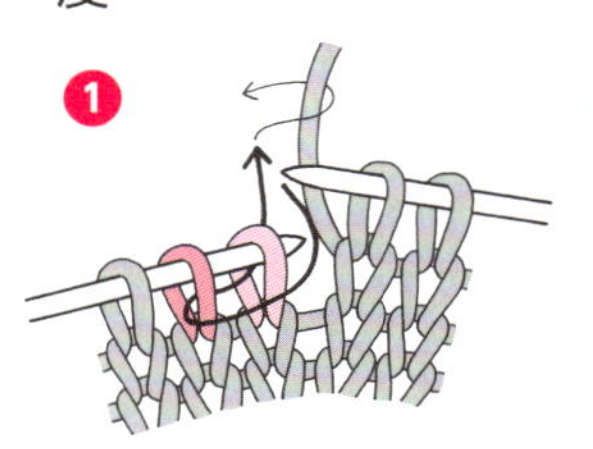
左針の２目に左側から矢印のように針を入れる

❷
２目を一度に表目で編む

❸
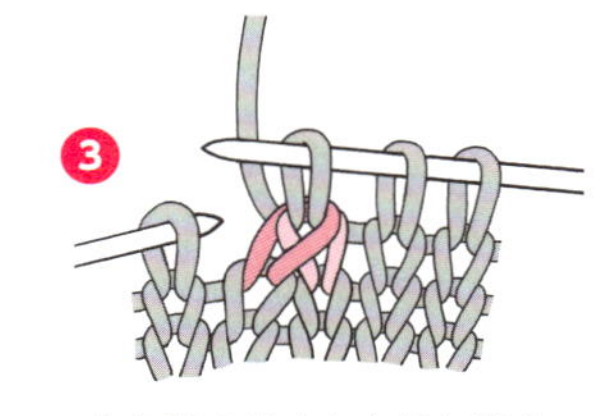
糸を引き出すと右針に移り、左の目が右の目の上に重なる

 左上２目一度（裏目）

❶
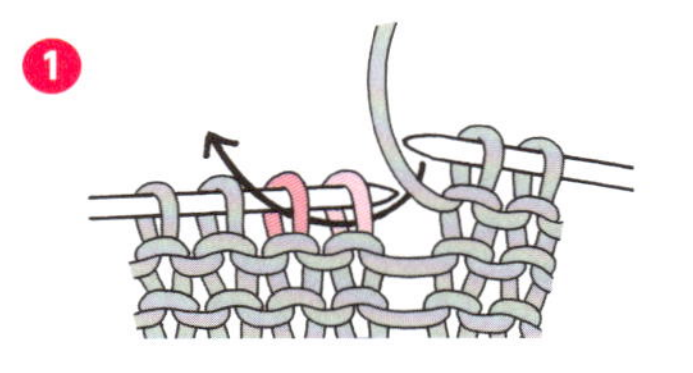
左針の２目に矢印のように針を入れる

❷
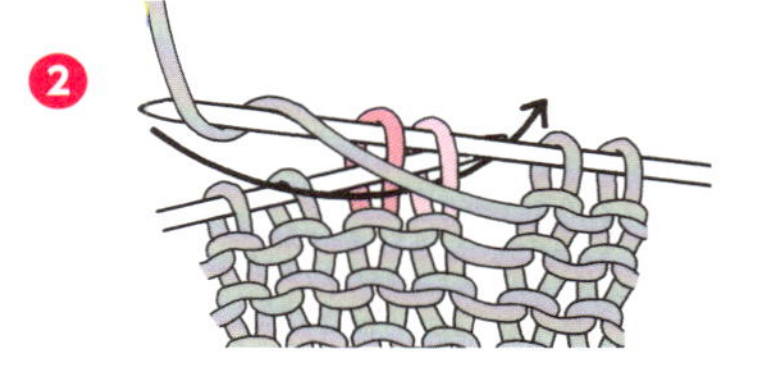
２目を一度に裏目で編む

❸
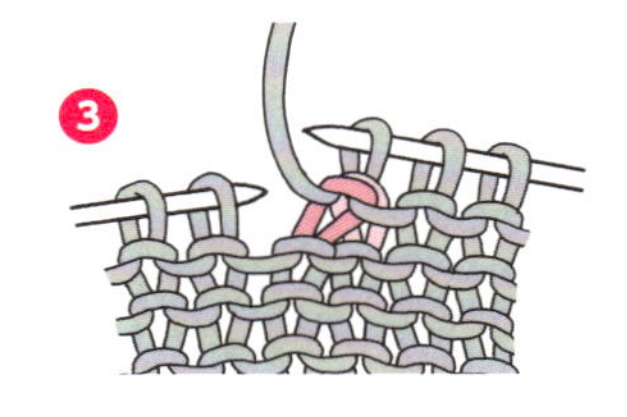
糸を引き出すと右針に移り、左の目が右の目の上に重なる

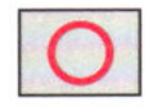

かけ目

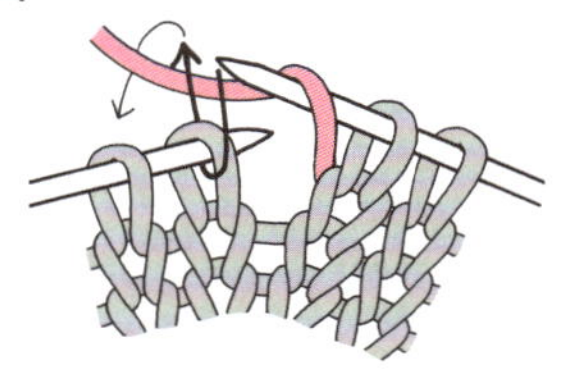

右針に手前から糸をかけ（かけ目）、かけた糸を
右人さし指で押さえて、次の目に右針を入れる

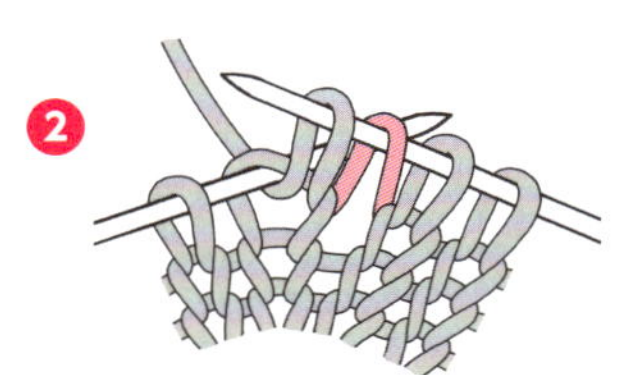

表目で編む

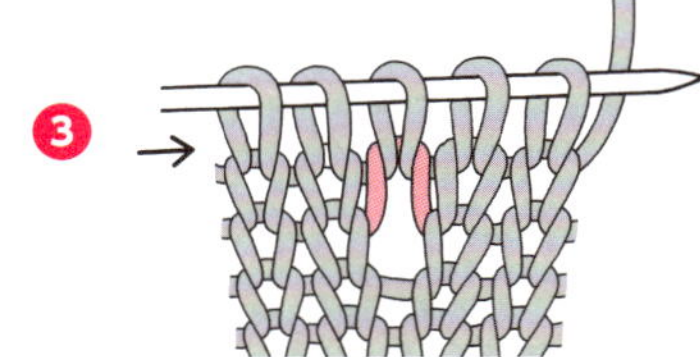

次の段で針にかけた目を裏目で
編むと、穴があく

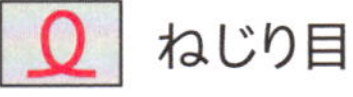

ねじり目

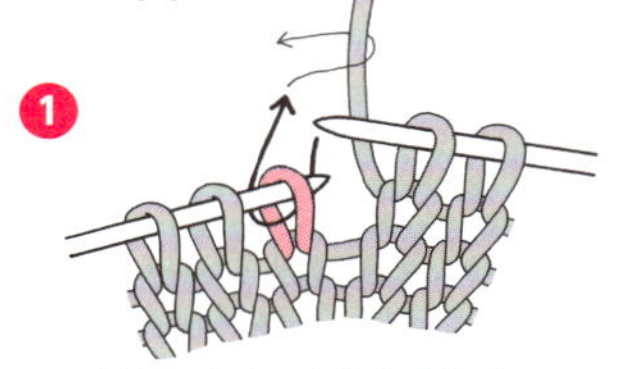

矢印のように右針を入れる

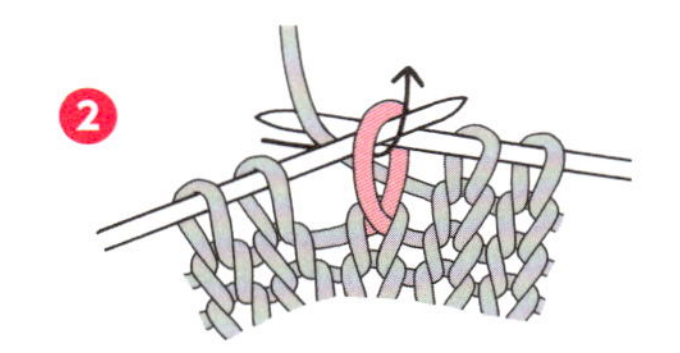

右針で左針の目から糸を引き出す

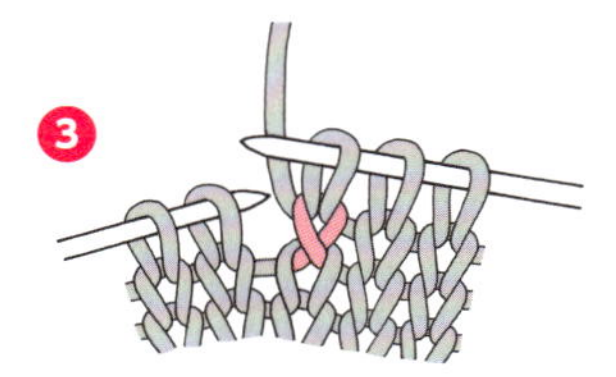

編み目の根元がねじれる

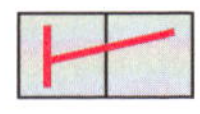

右増し目

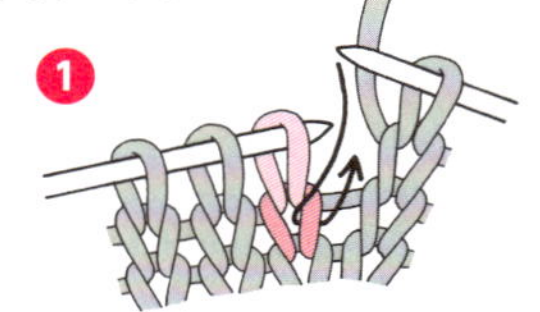

増し目をする目の手前まで編み、
１段下の目に右針を入れる

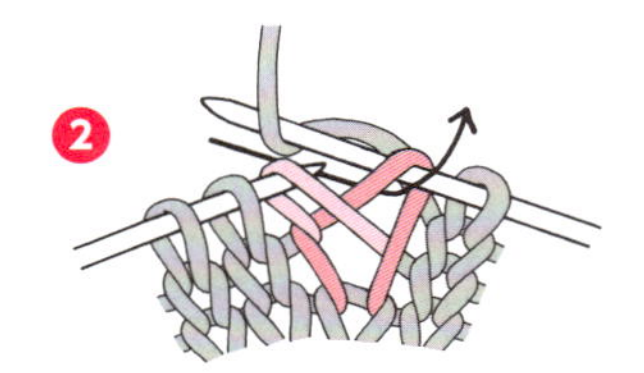

針を入れた目を
引き上げて表目を編む

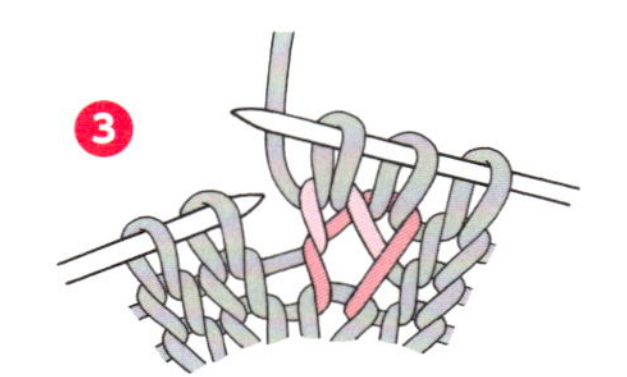

続けて表目を編む

左増し目

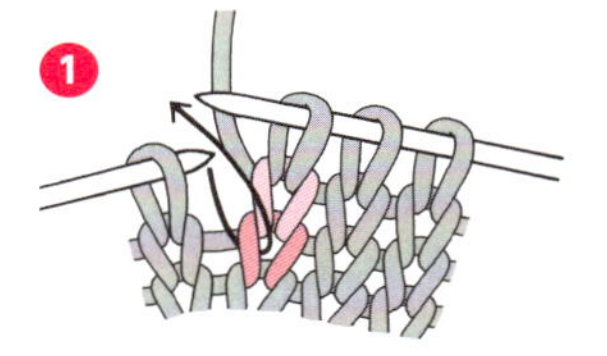

増し目をする目まで編む。矢印のように
左針を入れる

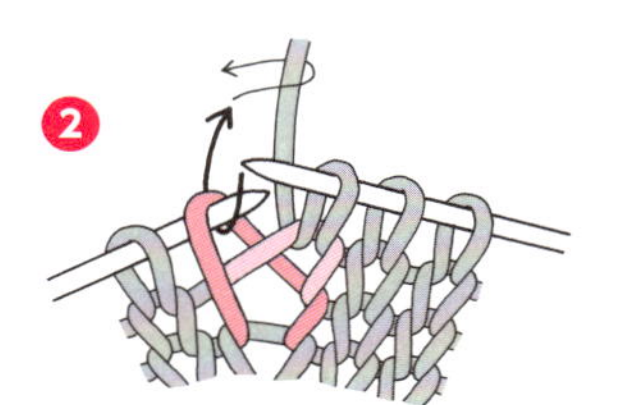

１段下の目を引き上げる

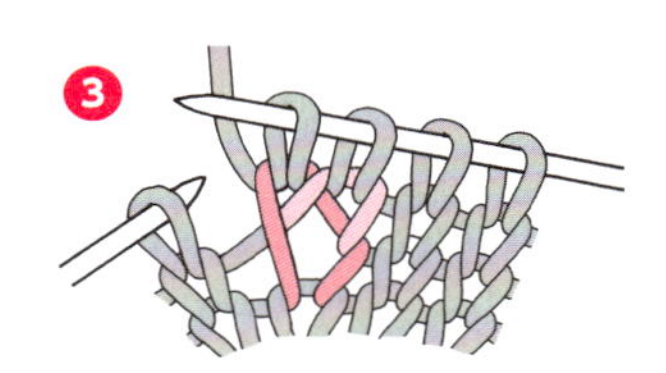

そのまま表目を編む

右上２目交差

★目数が変わっても同じ要領で編む

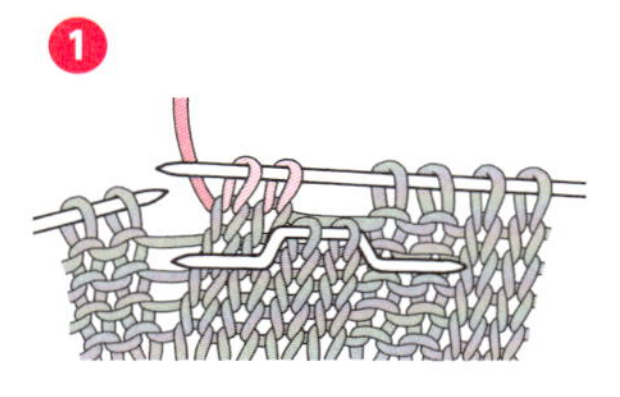

交差する右側２目を別の針に
移して手前側に休め、左側２
目を編む

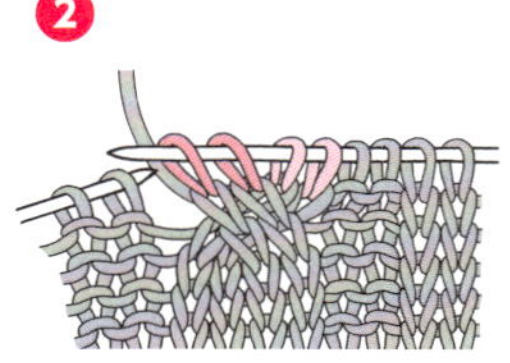

次に休めた右側２目を編むと、
右側の２目が上になる

左上２目交差

★目数が変わっても同じ要領で編む

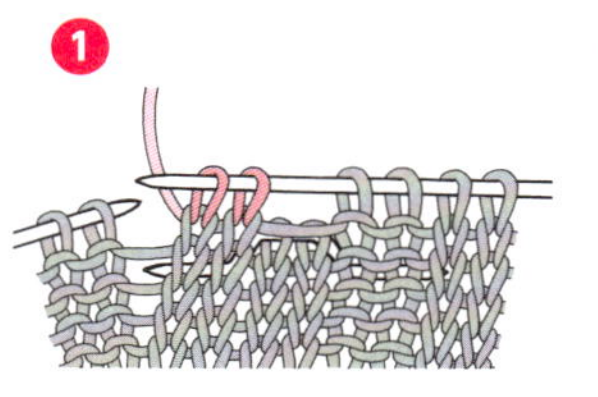

交差する右側２目を別の針に
移して向こう側に休め、左側
２目を編む

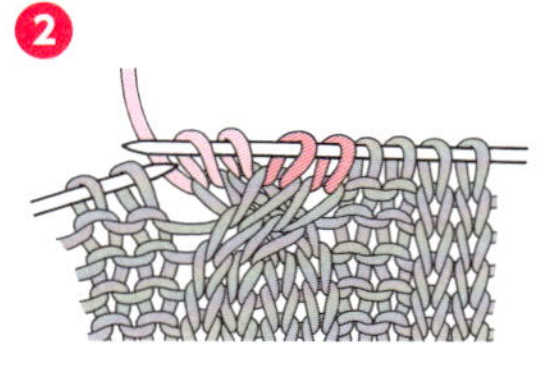

次に休めた右側２目を編むと、
左側の２目が上になる

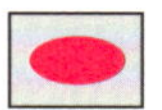

伏せ目（伏せどめ）

〈表側〉

表目で２目編む。
１の目を２の目
にかぶせる

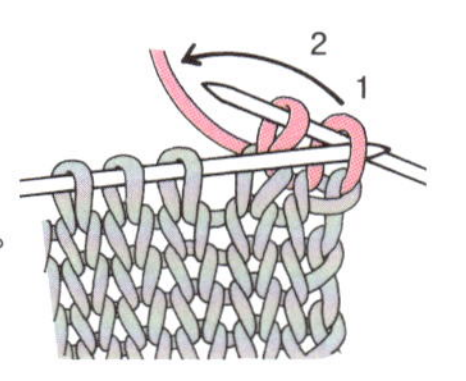

❷

３の目を表目で
編み、❶と同様
にかぶせる

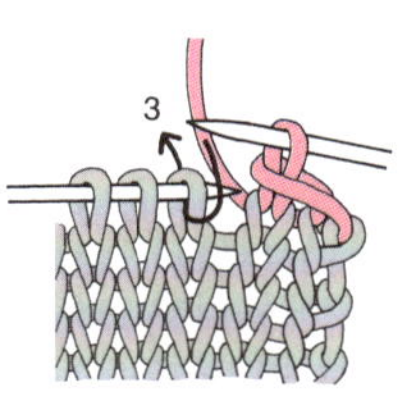

❸

表目を編んでは
かぶせることを
くり返す

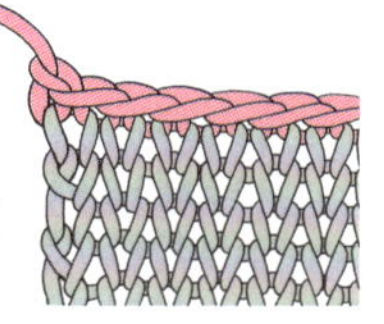

〈裏側〉

裏目で２目編む。
１の目を２の目
にかぶせる

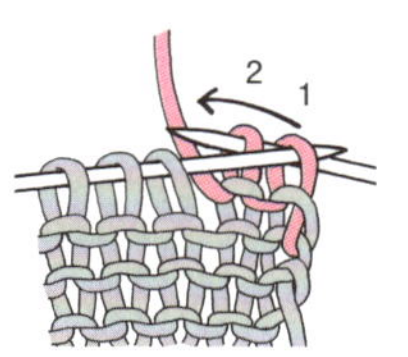

❷

３の目を裏目で
編み、❶と同様
にかぶせる

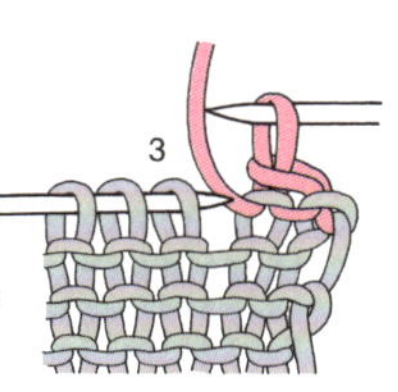

❸

裏目を編んでは
かぶせることを
くり返す

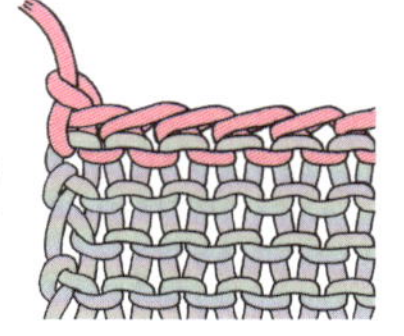

１目ゴム編みどめ

端の１と２の
表目２目に向
こう側からと
じ針を入れる

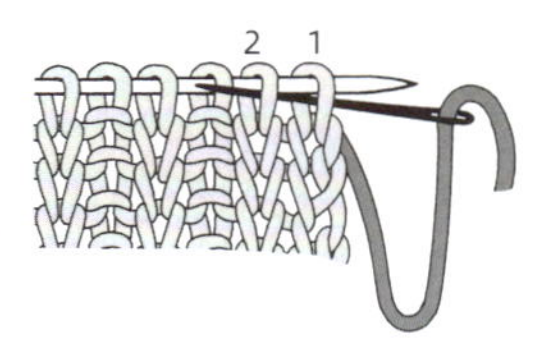

❷

次に手前から
１と３の目に
矢印のように
針を入れる

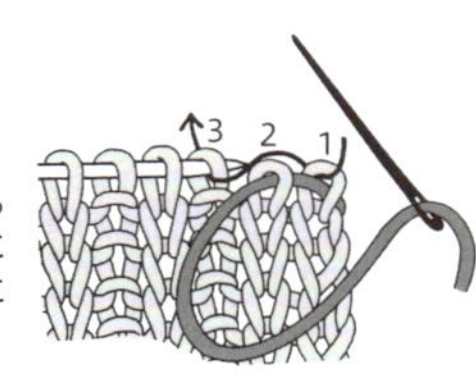

❸

針を入れ
たところ

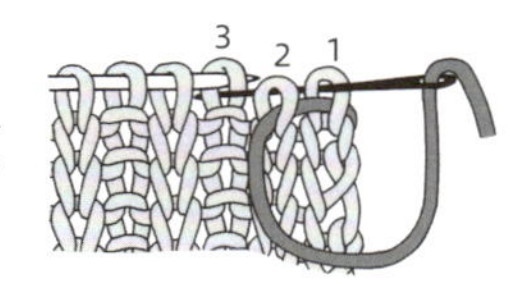

❹

２の目にもどっ
て手前から針を
入れ、次に４の
表目に向こう側
から針を入れる

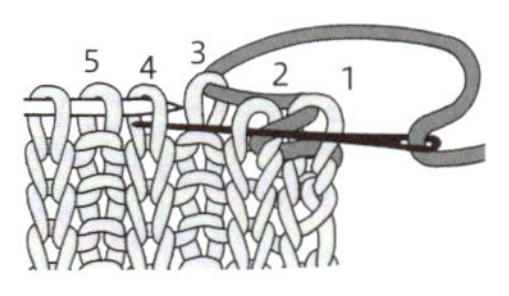

❺

表どうし針を手前
から入れて手前に
出し、裏どうしを
向こうから入れて
向こうに出すこと
をくり返す

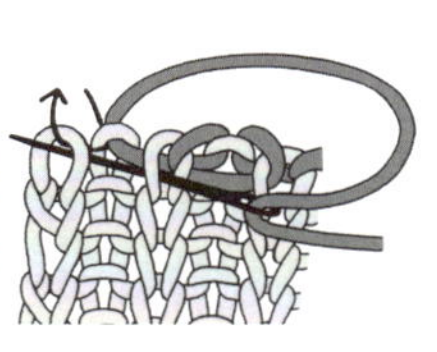

❻

編み終わりは、
向こう側からも
う一度２目にと
じ針を入れて、
とめ終わる

輪の１目ゴム編みどめ

❶

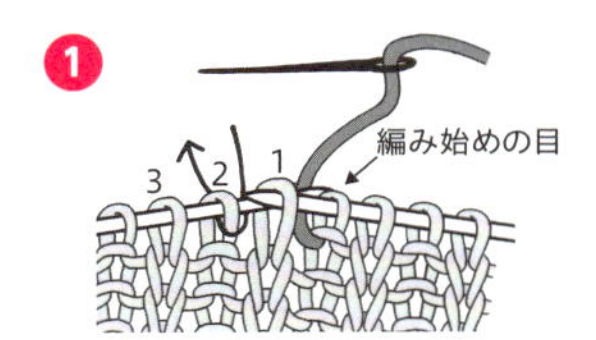

右の棒針に１の目を移し、
２の目に手前側からとじ針を入れる

❷

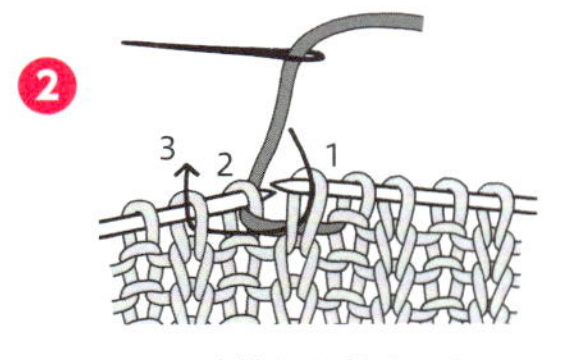

１の目の手前から針を入れ、
２の目をとばして３の目の
向こう側から手前に針を出す

❸

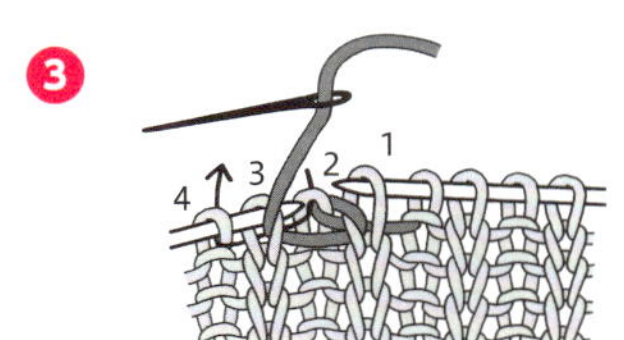

とばした２の目に向こう側から針を入れ、
４の目の手前から向こう側に針を出す

❹

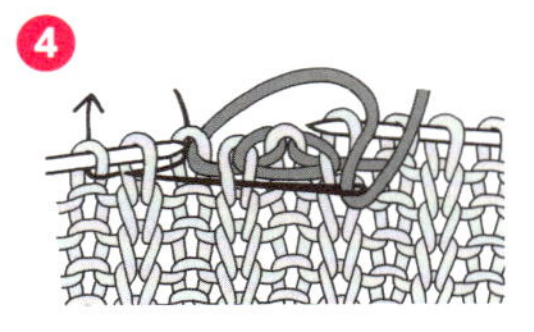

❷・❸をくり返す

❺

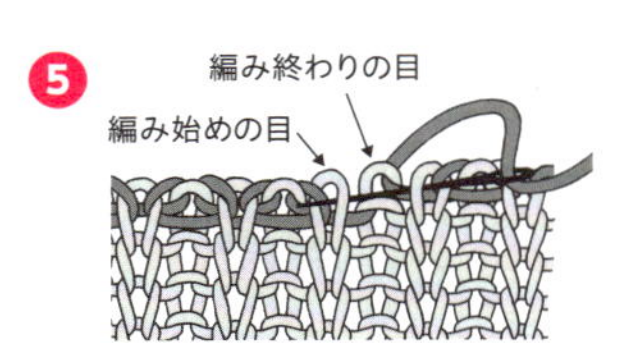

１周して、とめ終わりは最初の表目に
針を入れる

❻

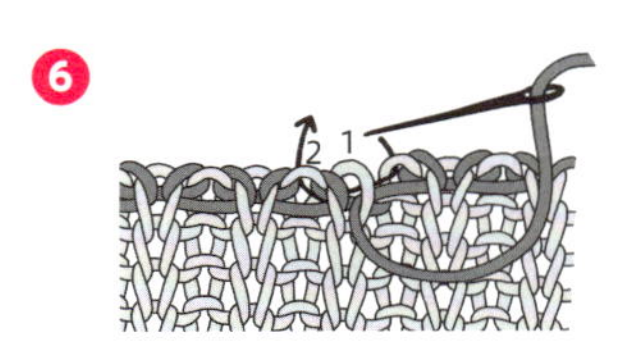

編み終わりの目と２の裏目に針を
入れて、とめ終わる

引き抜きはぎ

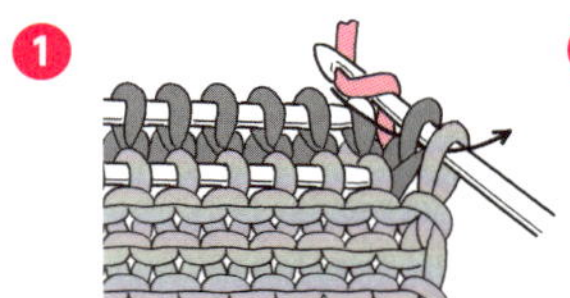

❶ 編み地を中表に合わせ、手前側の１目と向こう側の１目をかぎ針に移し、糸をかけて２目を一度に引き抜く

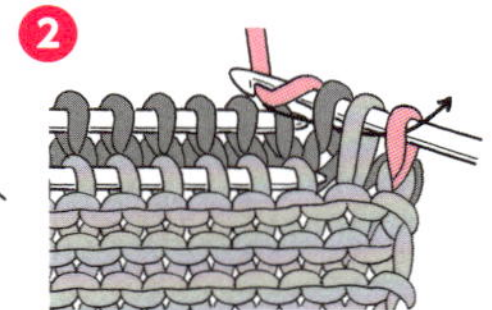

❷ 続けて❶の要領で２目を移し、糸をかけて３目を一度に引き抜く

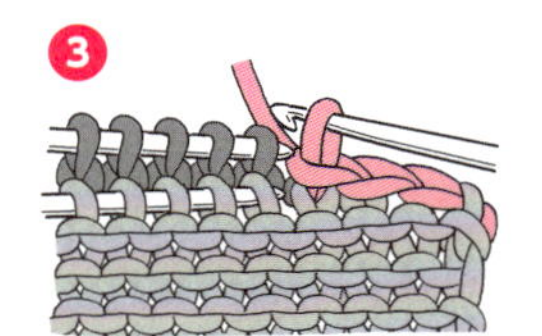

❸ ❷をくり返す。最後は、かぎ針にかかったループに糸端を引き抜く

休み目（目を休める）

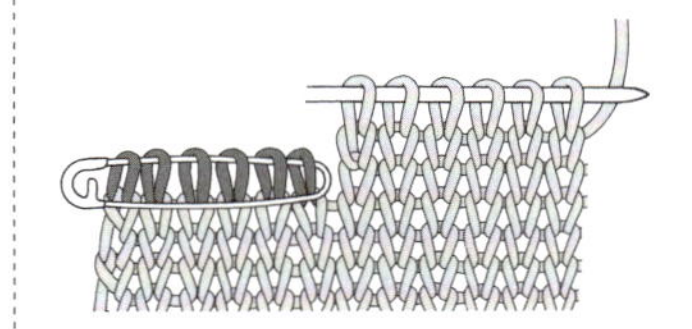

目をいったん休ませておくという意味で、別糸またはほつれどめを使うと便利

目通しはぎ

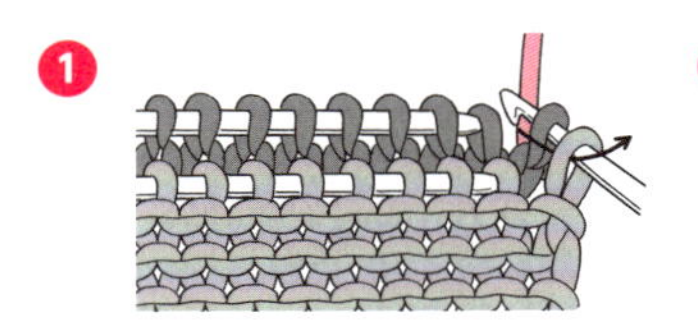

❶ 編み地を中表に合わせ、手前側の１目と向こう側の１目をかぎ針に移す。矢印のように、手前側の目の中に向こう側の目を通す

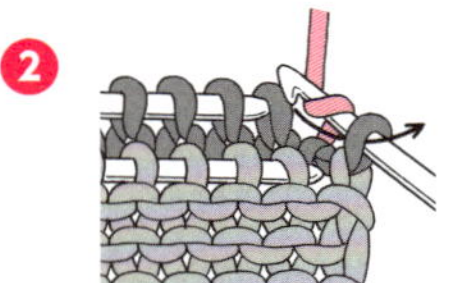

❷ かぎ針に糸をかけて、矢印のように引き抜く

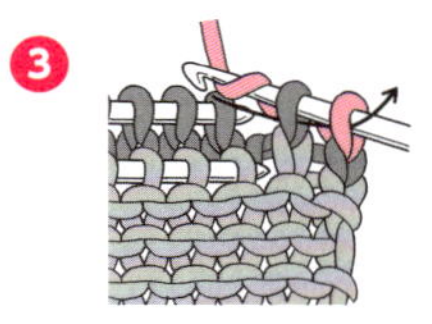

❸ ❶をくり返し、針に糸をかけて２目を一度に引き抜く

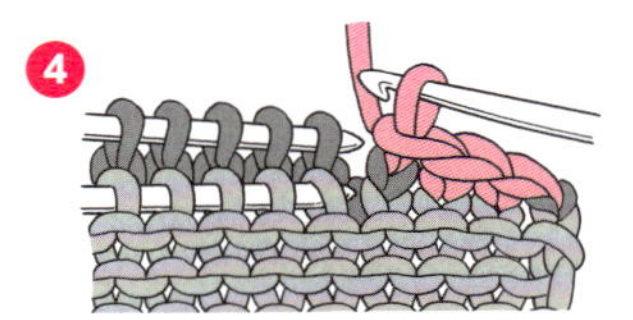

❹ ❶・❸をくり返す
※上の引き抜きはぎより、とめがしっかりしているので、伸びやすい広めの肩はぎなどに適す

目と段のはぎ

伏せ目を手前にして編み地を突き合わせ、目と段のバランスを見ながら交互にすくう。はぎ糸が見えないように引きぎみにする
※手前側が休み目のときも同じ要領

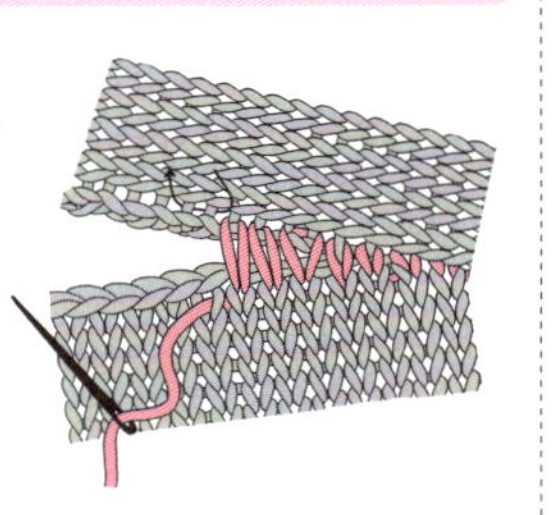

メリヤスはぎ（伏せ目と伏せ目）

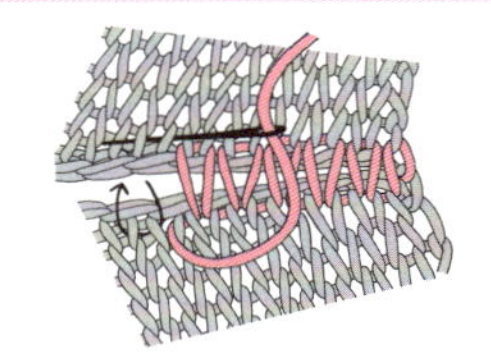

針の入れ方はメリヤスはぎと同じ。向こう側と手前の編み目が続くようにはぐ

配色糸のかえ方（たてに糸を渡す場合）

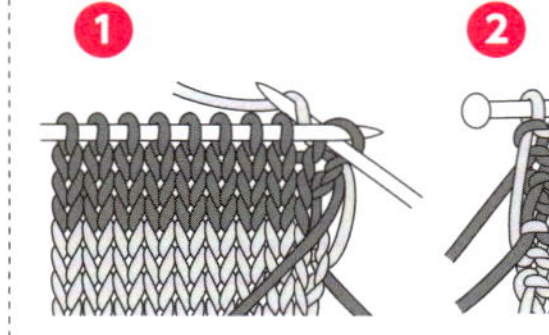

指定の段数で休ませておいた糸を下から持ち上げ、交差させて編む

すくいとじ

〈メリヤス編み〉

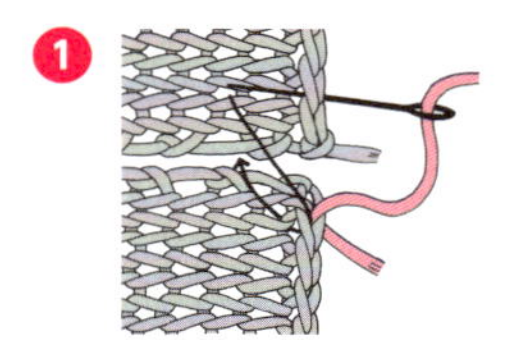

❶ 編み地を突き合わせ、とじ分を１目とする

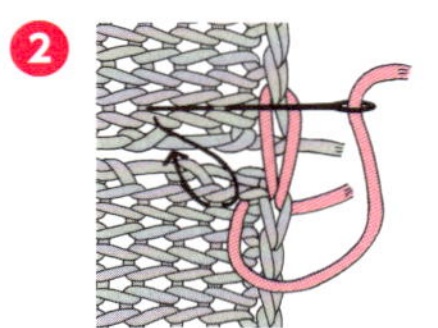

❷ とじ始めは図のように糸を出す

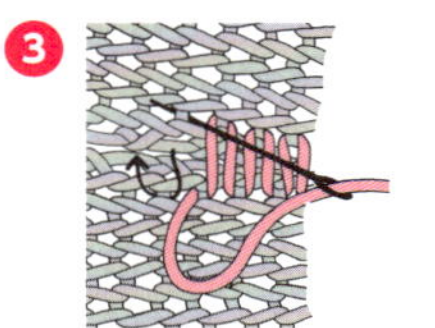

❸ １目内側を1段ずつ交互にすくう

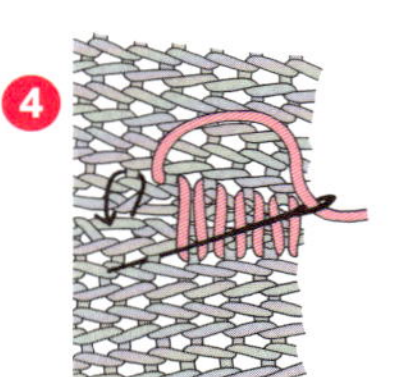

❹ 約10段ごとにとじ糸を強く引く

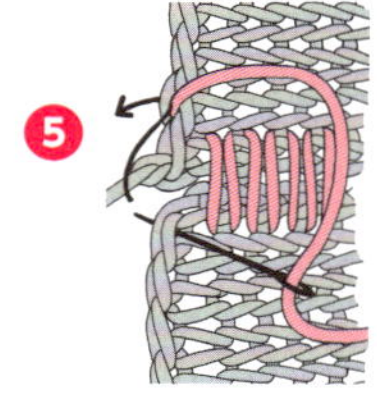

❺ すべてとじたら、とじ糸を引き、編み地をぴったり合わせる

〈ゴム編みを編み下げた場合〉

★ゴム編みを編み下げた場合とは、身頃・袖を編んだ作り目から、 目を拾ってゴム編みを編んだ編み方のことです。ゴム編みから編み始めた場合とは、 作り目をしてゴム編みから編み始めた編み方のことをいいます。

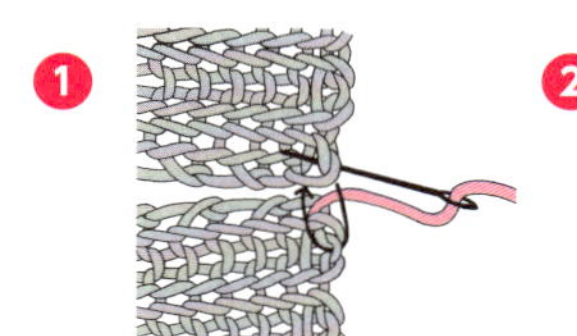

❶ 編み地を突き合わせにし、残っている糸端をとじ針に通す。糸端のない側から目をすくう

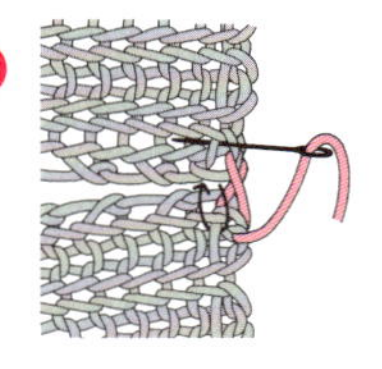

❷ １目めと２目めの間に渡っている横糸をすくう

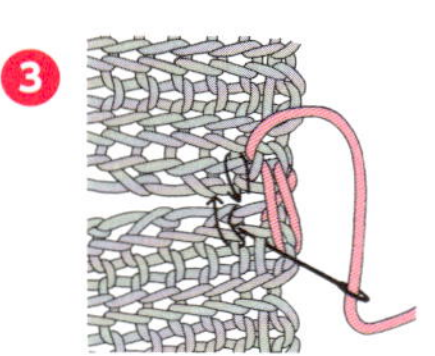

❸ 手前側も❷と同じ要領ですくう

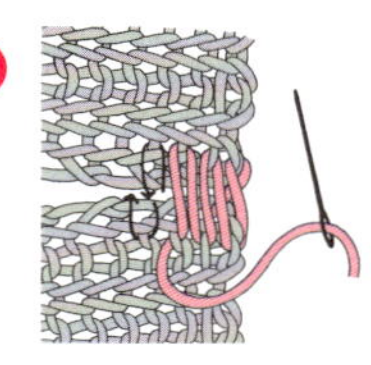

❹ 交互に１段ずつすくって糸を引き締める。ゴム編みはややたてに伸びるので、とじ糸は引きぎみにする

〈かぎ針編み〉

鎖編みの作り目

❶
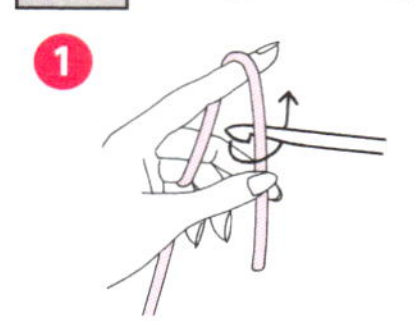
かぎ針を糸の向こう側におき、6の字を書くように回して、糸輪を作る

❷
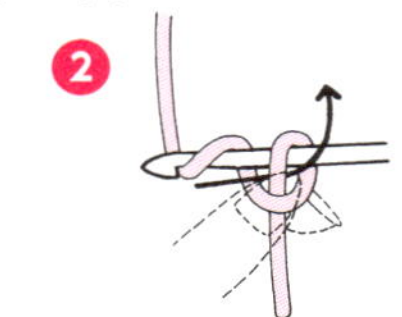
糸輪の交差したところを左中指と親指で押さえ、針に糸をかけて引き出す

❸
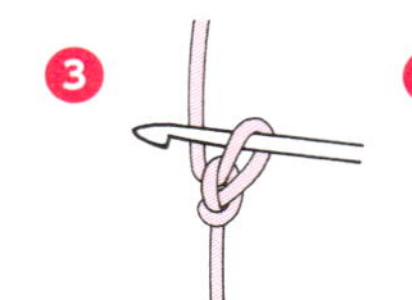
引き出したら、糸輪をきつく締める（この目は1目と数えない）

❹
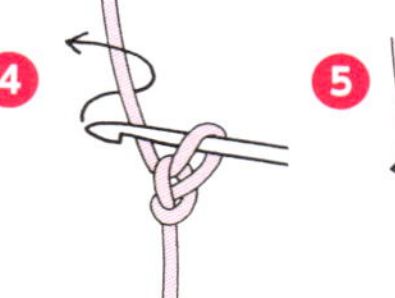
矢印のように針に糸をかける

❺
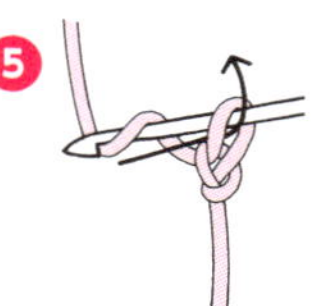
編み糸を引き出す。❹・❺をくり返す

❻
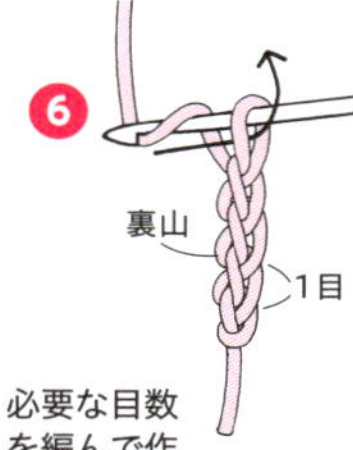

必要な目数を編んで作り目にする

糸輪の作り目

●図は細編みの場合。編み目が違っても同様に編む

❶
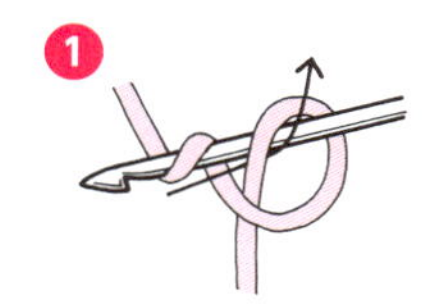
鎖編みの作り目❶・❷と同じ要領で糸輪を作り、針に糸をかけて引き出す

❷
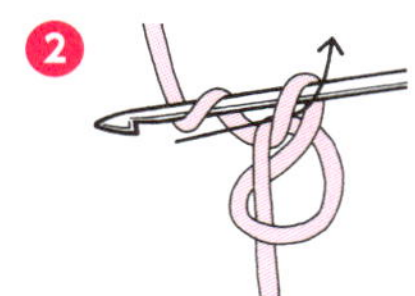
続けて針に糸をかけて引き出し、立ち上がりの鎖1目を編む

❸
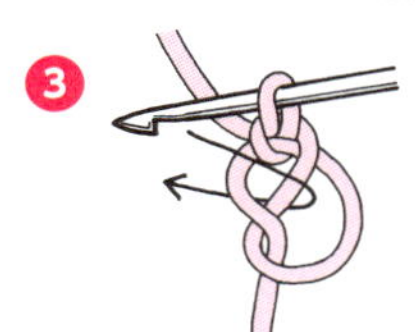
矢印のように糸輪の中に針を入れてすくい、1段めの細編みを編む

❹
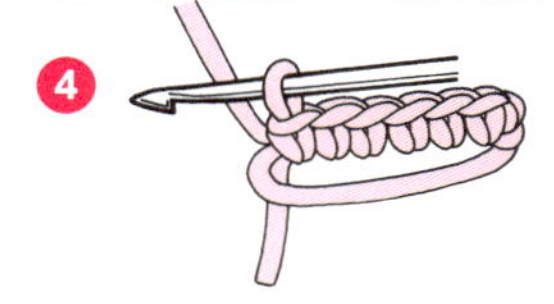
❸をくり返して糸輪の中に細編みを必要目数編み入れる。糸端は糸輪に沿わせ、一緒に編みくるむ

❺

編み始めの糸端を引き、糸輪を引き締める。1目めの細編みの頭に引き抜いて輪にする

作り目からの目の拾い方

●特に指定のない場合は好みの拾い方にする

❶

鎖半目を拾う

❷
鎖半目と裏山を拾う（鎖編みを少しゆるめに編む）

❸

鎖の裏山を拾う（鎖編みを少しゆるめに編む）

細編み

❶
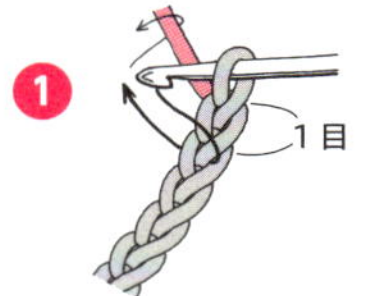

立ち上がりの鎖1目をとばした次の目に針を入れ、糸をかけて引き出す

❷
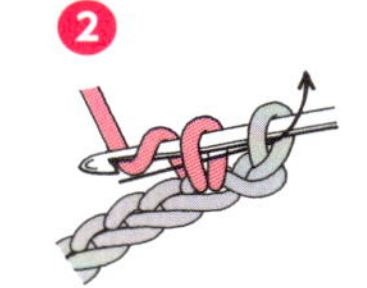
もう一度針に糸をかけ、針にかかっている2ループを一度に引き抜く

❸
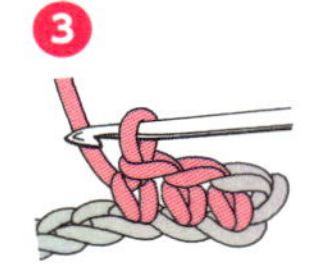
以上をくり返して、必要目数を編む

中長編み

❶
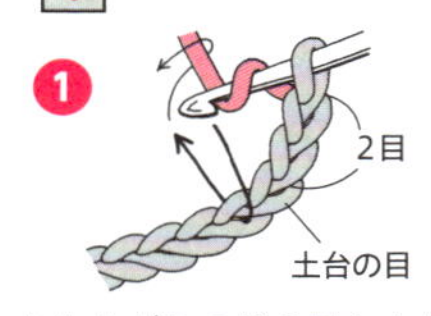

立ち上がりの鎖2目と土台の1目をとばした次の目に、糸をかけた針を矢印のように入れ、針に糸をかけて引き出す

❷
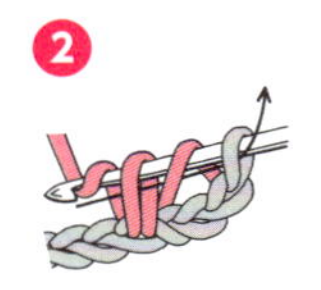
もう一度針に糸をかけ、針にかかっている3ループを一度に引き抜く

❸
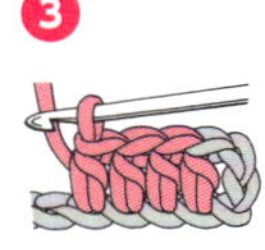
以上をくり返して、必要目数を編む

長編み

❶
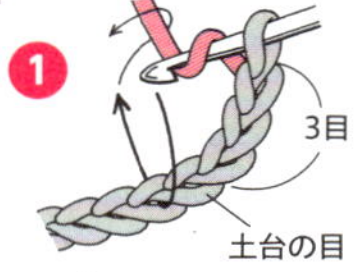

立ち上がりの鎖3目と土台の1目をとばした次の目に、糸をかけた針を矢印のように入れ、再び針に糸をかけて引き出す

❷
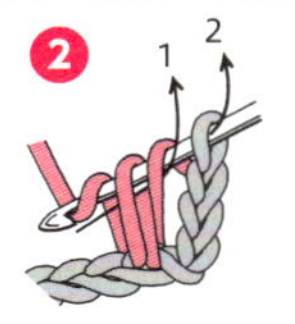

もう一度針に糸をかけ、針にかかっている2ループを引き抜く。2ループずつ引き抜くことを2回くり返す

❸
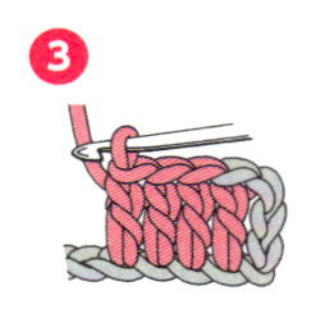
以上をくり返して、必要目数を編む

長々編み

❶
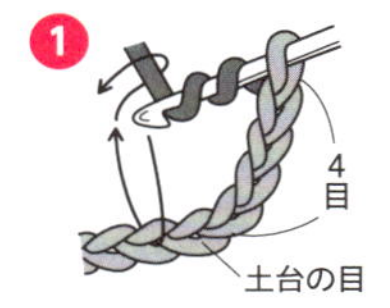

立ち上がりの鎖の目4目と土台の1目をとばした次の目に、糸を2回かけた針を矢印のように入れ、針に糸をかけて引き出す

❷
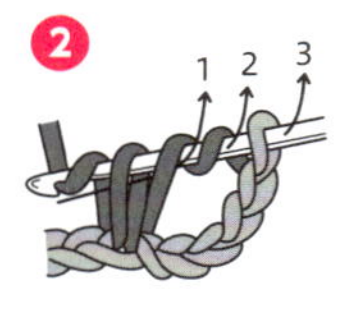

もう一度針に糸をかけて、2ループずつ引き抜くことを3回くり返す

❸
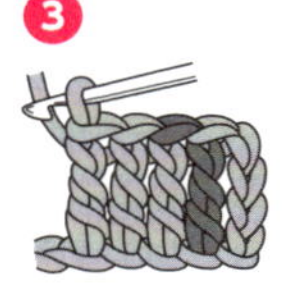
以上をくり返して、必要目数を編む

長編み3目の玉編み

●目数が変わっても同じ要領で編む

❶

長編みの最後の引き抜きをしない未完成の長編みを同じ目に3目編む

❷

針に糸をかけて、4ループを一度に引き抜く

❸

長編み3目の玉編みが編めたところ

長編み2目一度

●減らす目数が増えても同じ要領で編む

〈左側〉

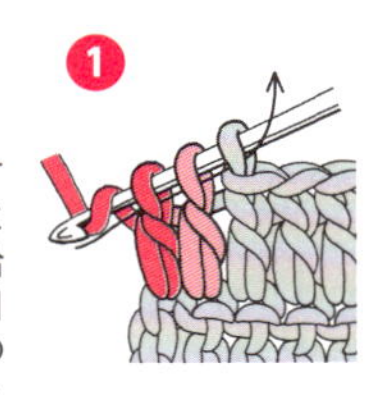

前段左端から2目残すところまで編む。針に糸をかけて次の目を拾い、2ループを1回引き抜く。さらに左端の目も同様にして編むと3ループが残る

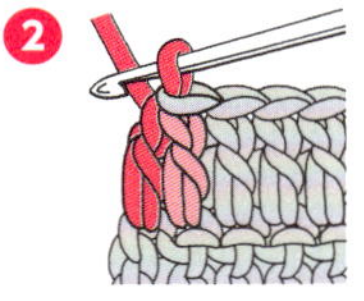

針に糸をかけ、3ループを一度に引き抜く。1目が減ったところ

〈右側〉

前段が編めたら編み地の向きをかえ、鎖2目（もしくは3目）で立ち上がる。長編み❷の要領で編む

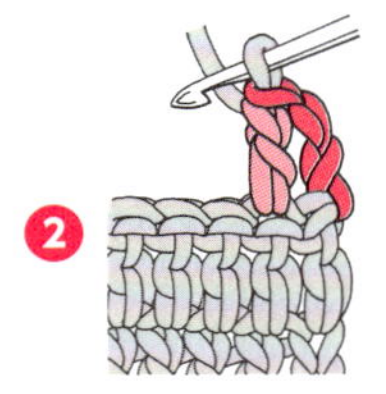

2目一度になり、1目が減ったところ

長編み2目（増し目）

●目数が増えても同じ要領で編む

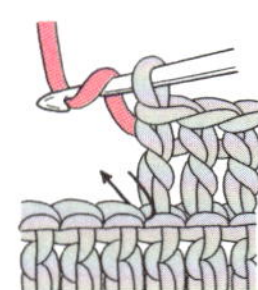

長編みを1目編んだら針に糸をかけ、もう一度同じ目に手前側から針を入れる

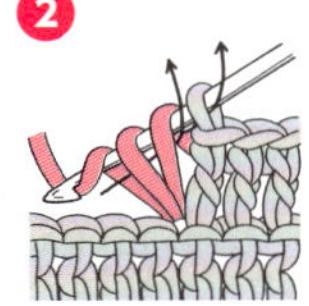

糸を引き出し、長編みをもう1目編む

バック細編み

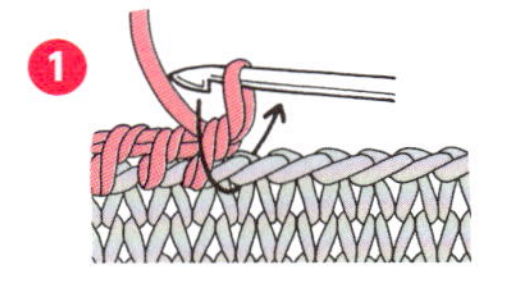

左から右へ編む。前段に矢印のように針を入れる

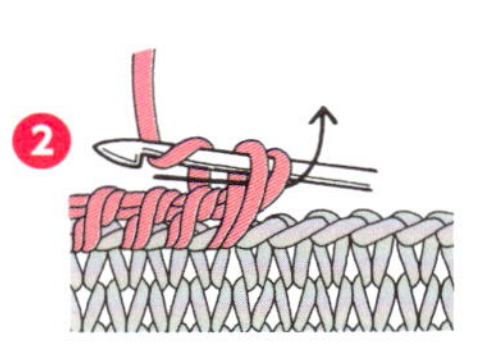

糸を引き出し、針に糸をかけて2ループを一度に引き抜く

表引き上げ編み

●図は長編み。編み目が変わっても同じ要領

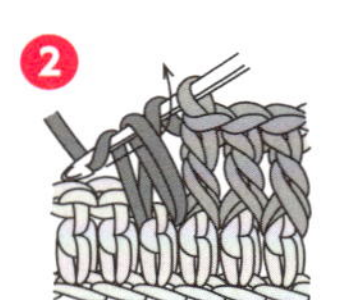

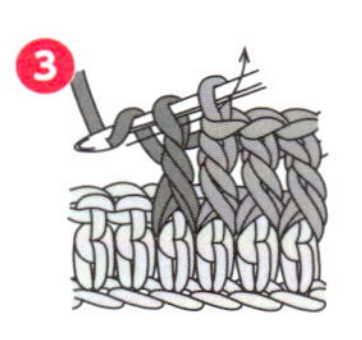

針に糸をかけ、前段の編み目に手前から針を入れて横にすくい、糸を長めに引き出す。針に糸をかけて2ループを引き抜き、もう一度針に糸をかけて2ループを引き抜く

裏引き上げ編み

●図は長編み。編み目が変わっても同じ要領

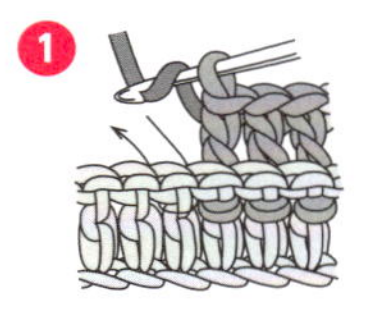

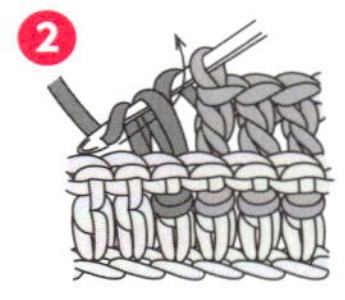

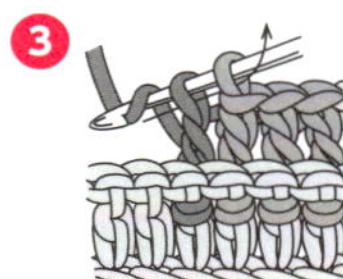

針に糸をかけ、前段の編み目に向こう側から針を入れて横にすくい、糸を長めに引き出す。針に糸をかけて2ループを引き抜き、もう一度針に糸をかけて2ループを引き抜く

巻きはぎ（巻きかがる）

〈1目〉

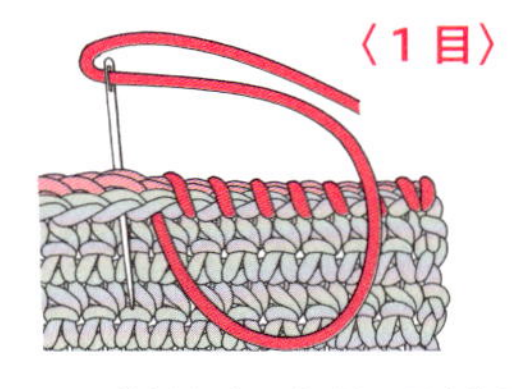

〈半目〉

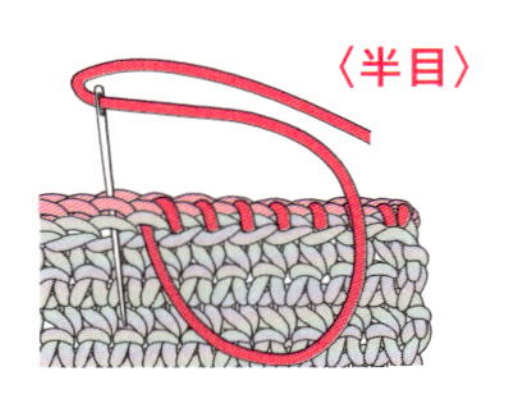

前側と向こう側の目（作品により、1目か半目）をすくうことをくり返す

引き抜き編み

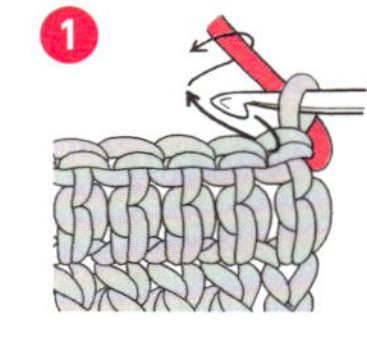

立ち上がりの鎖の目はありません。編み終わりの目に針を入れる

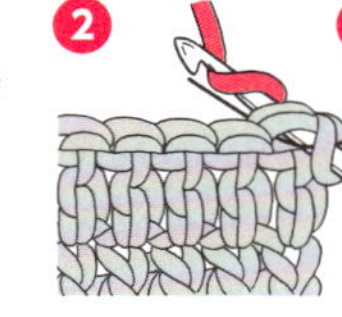

針に糸をかけ、一度に引き抜く

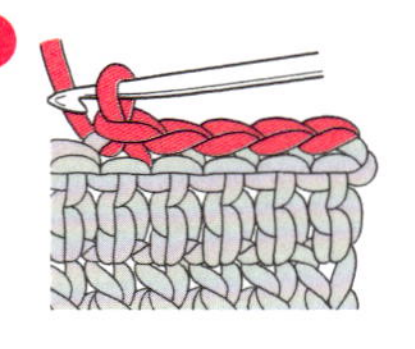

以上をくり返す

巻きとじ

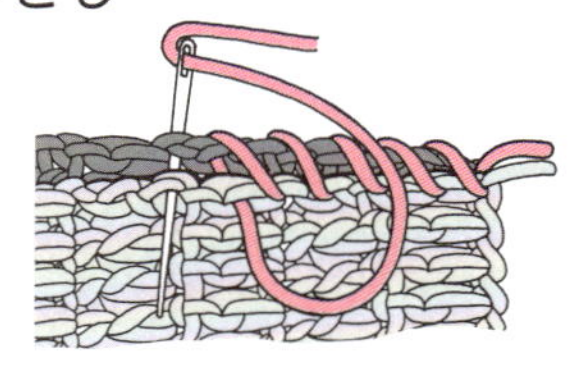

2枚の編み地を中表に合わせ、編み目をそろえる。針を向こう側から手前に出し、長編みの中間と頭の目を交互に、編み地がずれないように注意しながらとじる

すくいとじ

★すくいはぎは目と目

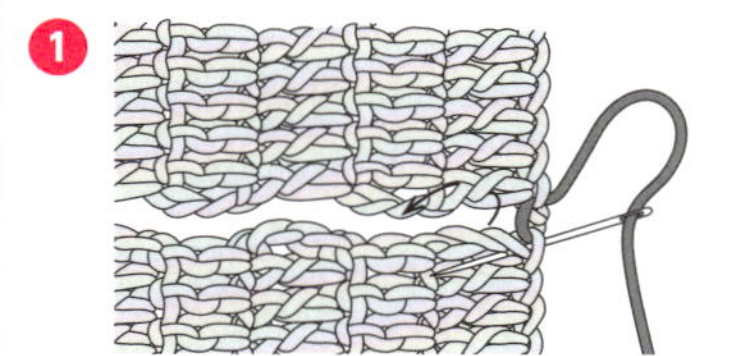

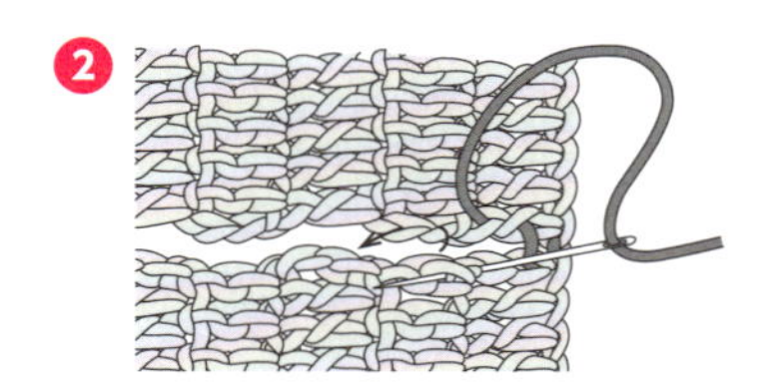

2枚の編み地を外表に突き合わせ、端の目をとじ分とする。端の1目の中間と頭を交互にすくって糸を引き、段がずれないように注意してとじる

配色糸のかえ方

長編み最後の引き抜きをするときに配色糸にかえて引き抜き、次の段の立ち上がり鎖3目を編む。地糸に戻すときは休めておいた糸を持ち上げて地糸で引き抜く

❶
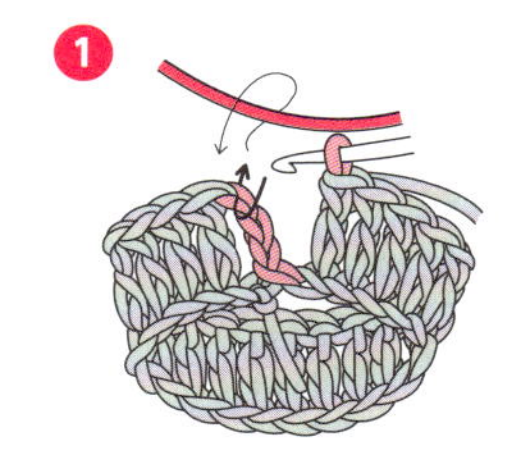

❷
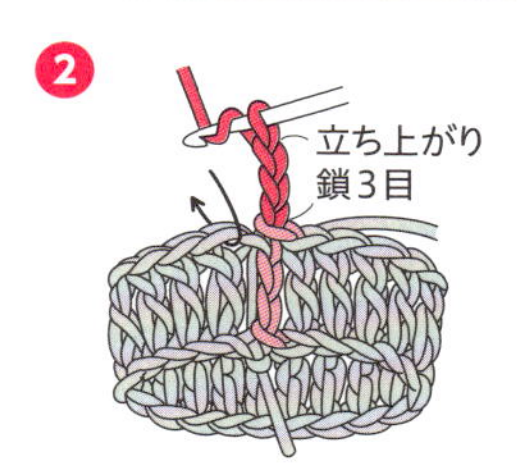

❸
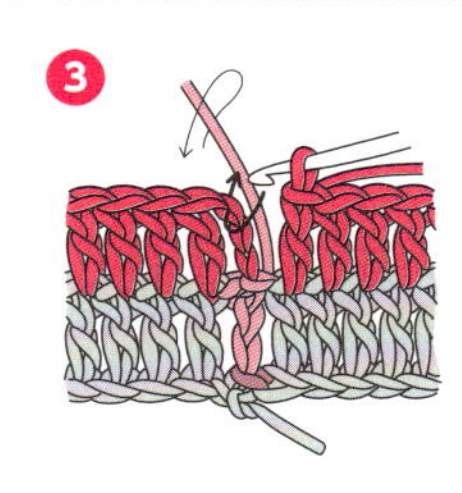

鎖3目のピコット編み

ピコットをする位置で鎖3目を編み、矢印のように針を入れる

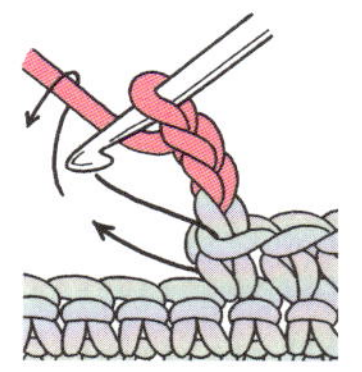

❷ 針に糸をかけて一度に引き抜くと、丸いこぶができる

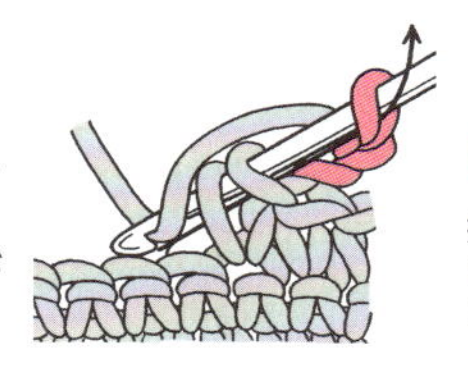

❸ 指定の間隔でピコットをくり返す

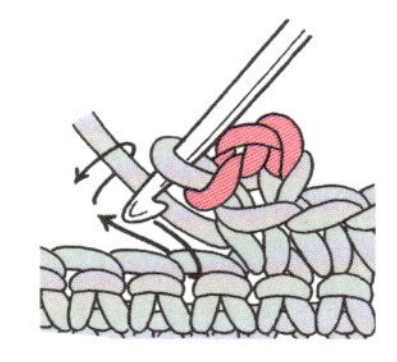

タッセルの作り方

❶
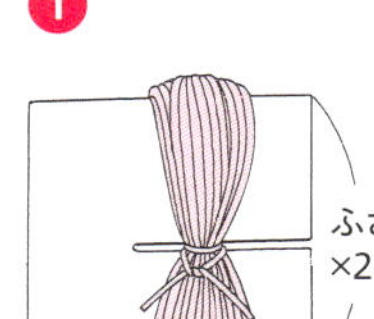

巻いた糸を中央で結ぶ

❷
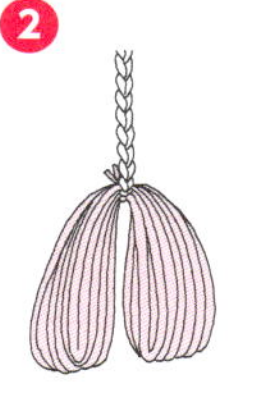

中央で結んだ糸にコードを結びつける

❸

ふさを二つに折り、共糸で結んで糸端を中に入れ、ふさの先を切りそろえる

ポンポンの作り方

❶ ❷
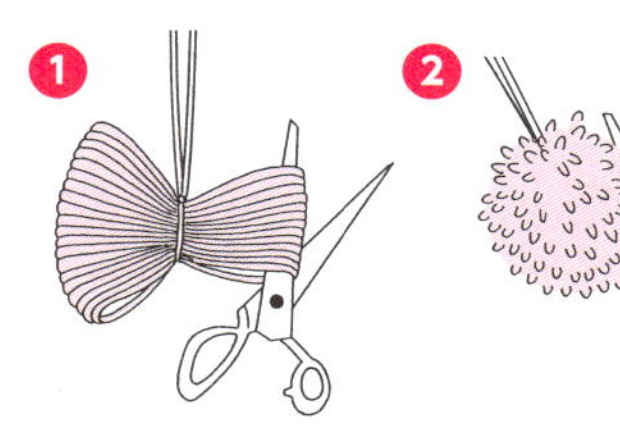

ポンポンの直径に1cm加えた幅の厚紙に、糸を指定回数巻く。厚紙をはずして中央を結び、両端の輪を切る

形良く切りそろえる

❸

中央の糸でとじつける

フリンジの結び方

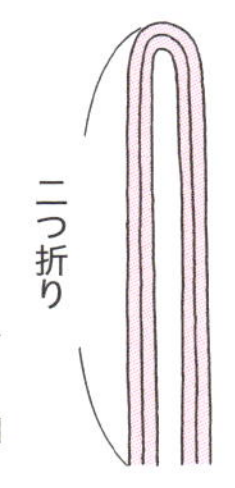

フリンジたけの2倍の長さに約3cm加えて切る

❷
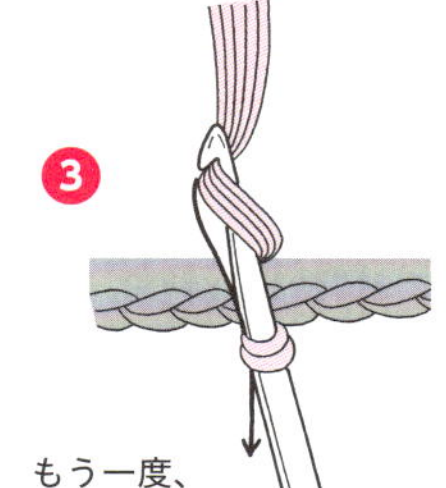

裏側からかぎ針を入れ、二つ折りの糸を引き出す

❸ もう一度、表側からまとめて引き出す

❹

記号の見方（目を割る・束（そく）に拾う）

〈根元がついている場合〉

 ＝ 

前段の鎖の目を割って針を入れて編む

〈根元が離れている場合〉

 ＝ 

前段の鎖の目を割らずに
ループ全体を束（そく）に拾って編む

カバー
デザイン：志摩祐子

本文
デザイン：レゾナ（志摩祐子・西村絵美）
撮影：伊藤ゆうじ・関根明生・武内俊明
本間伸彦・三浦 明

モデル犬
パグ／豆次　シーズー／のび太　トイプードル／エマ・絵馬・エリィ・ぐみ・ミニィ・ミディ・メル　ダックスフンド／アンジェラ・喜助・はな　シュナイザー／ケイト・ダン　マルプー／ココ　チワワ／アイ・シュリ　パピヨン／チュチュ　ボストンテリア／ナビ

企画・編集
荷見弘子・丸尾利美

編集担当
尾形和華（成美堂出版編集部）

★本書は、先に発行の「手編み大好き！」の中から、特に好評だった愛犬ニット作品をまとめて再編集した一冊です。

かんたん、かわいい 愛犬ニット

編　者　成美堂出版編集部
発行者　深見公子
発行所　成美堂出版
〒162-8445　東京都新宿区新小川町1-7
電話(03)5206-8151 FAX(03)5206-8159
印　刷　大日本印刷株式会社

ISBN978-4-415-33493-6
落丁·乱丁などの不良本はお取り替えします
定価はカバーに表示してあります